KB195537

당신이 몰랐던
네 바퀴에 숨겨진 이야기

당신이 몰랐던 네 바퀴에 숨겨진 이야기

제1쇄 펴낸 날 2025년 2월 14일

지은이 지정용
펴낸이 박선영
주 간 김계동
디자인 전수연

펴낸곳 명인문화사
등 록 제2005-77호(2005.11.10)
주 소 서울시 송파구 백제고분로 36가길 15 미주빌딩 202호
이메일 myunginbooks@hanmail.net
전 화 02)416-3059
팩 스 02)417-3095

ISBN 979-11-6193-121-0
가 격 19,500원

당신이 몰랐던 네 바퀴에 숨겨진 이야기

지정용 지음

명인문화사

차례

글을 시작하며

두 딸과 어릴 때 차 안에서 나눈 대화다. 차창 밖으론 고향의 시외버스터미널이 지나가고 있었다. "여기 많이 왔었지. 아빠 어릴 때는 시골 갈 때 여기서 버스를 탔어." 그러자 두 딸이 이구동성으로 반문했다. "버스를 왜 타요? 차 몰고 가면 되잖아요." 태어날 때 이미 있었고 조금 더 커서는 친구들의 집에도 다 있었다. 두 딸에게 자동차는 그냥 집에 있는 물건이었다. 마이카 시대 이후 세대에게는 '원래부터 있었던 탈 것' 정도로 여겨진다. 집집마다 소유하고 있는 차종이 다를 뿐이다.

지금은 딸 아이가 가끔 몇몇 브랜드에 대해 물어본다. 등·하교를 하면서 하루도 안 보는 날이 없으니 자연스럽게 자동차에 아주 조금 관심이 생긴 것이겠지. 이런저런 설명을 하고 브랜드와 관련해 내가 알던 얘기를 해주다가 문득 떠올랐다. "이런 얘기들을 글로 정리해볼까."

자동차가 어떤 원리로 굴러가는지 아무도 별

관심이 없을 것이다. 전문가 영역이니까. 하지만 주변 역사와 연계해 에피소드 형식으로 풀어내면 많은 이들이 재미있게 읽을 것으로 생각했다. 역사 공부도 겸해 말이다.

자동차의 역사는 바퀴의 발명에서 시작한다. 바퀴를 굴리는 힘을 어디서 얻을 것인가. 사람이나 동물은 아니어야 했다. 생명체의 근육은 한계가 명확했다. 기계의 힘을 빌렸다. 이후 고안하고 도전하고 실패하고 또 반복하면서 켜켜이 쌓인 고민의 결과물이 자동차다.

전하고 싶은 이야기가 정말 많다. 자동차의 태동부터 주변 역사로 정색하지 않고 가지를 뻗어나갔다. 중간중간 역사적인 사건과 사고들로 곁눈질도 했다. '이런 일이 있었네', '이렇게 연결이 되는구나', '정말 이랬다고?'라면서 이마를 '탁' 칠 수 있는 이야기를 담아내려고 했다. 자동차 없는 생활을 상상할 수 없는 시대, 이 정도는 알아두면 좋을 것 같은 '자동차썰'을 풀었다.

최초의 자동차가 활용했던 연료는 무엇이었을까. 최근 보급이 늘고 있는 전기는 왜 한동안 동력원에서 밀려났을까. 각국의 국민차는 어떻게 개발하게 되었을까. 운전면허 제도는 왜 만들어졌을까. 우리나라의 '최초' 왕관을 갖고 있는 모델은 무엇일까. 자동차를 떠올리면 생각나는 궁금증들을 해소해 갔다.

수레 발명 이후 가장 큰 변화를 몰고 온 것은 산업혁명이다. 사람이나 동물보다 더 나은 힘의 근원을 발명했

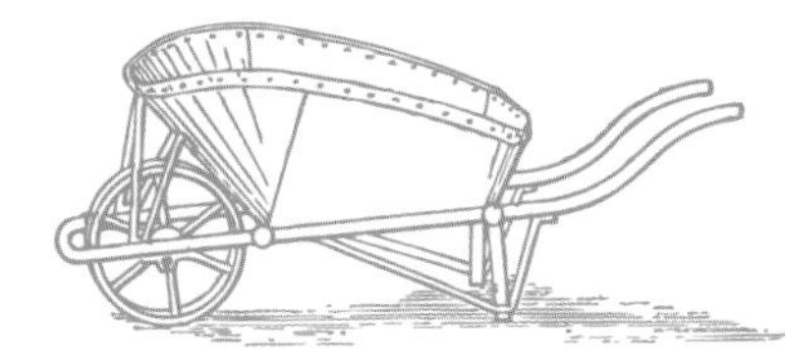

다. 증기기관은 자동차 시대를 예고했다. 이때부터는 어떡하면 더 편할지, 어떡하면 더 빠를지, 어떡하면 더 싸게 만들지에 대한 경쟁이었다.

탈 만하게 만든 각국의 국민차 프로젝트는 자동차 대중화에 결정적인 역할을 했다. 국민차를 최초 자동차에 바로 뒤이어 소개하는 건 이런 이유 때문이다.

우리나라 첫 독자 모델인 포니의 쿠페 모델은 양산하지 않았다. 하지만 그 모습을 영화에서 볼 수 있다. 1984년 영화 〈백투더퓨처〉에서 과거와 미래를 넘나드는 자동차 '들로리언'이다. 이게 어찌 된 영문일까. 이런 배경을 찾아간다. 어디 가 "이랬다더라"라며 '아는 척'할 수 있을 만한 이야기들을 담았다.

우리나라 자동차를 포함해 우선 28개 에피소드로 정리했다. 객관적인 사실관계를 담보하기 위해 사진과 당시 기사, 역사적 평가를 함께 남겼다. 일부 불분명한 사실에 대해서는 논란이 있다고 설명했다.

현대 생활에서 없으면 안 되는 생활필수품인 자동차. 재미있는 사건들과 연결된 자동차라면 충분히 읽는 재미가 있지 않을까. 자동차를 고리로 한 '가지치기 역사 여정', 이제 떠나볼까?

• 물을 끓여 앞바퀴를 굴리다
• 1824년, 노선버스가 다녔다
• 에디슨 배터리, 주행거리가 무려…
• 하이브리드 1호, 이 사람이?
• 두 달 월급으로 'My Car'를

최초의 자동차, 이거였다고?

The Infernal
DEFIANCE
FROM
YARMOU
TO
LONDON
THE DREADFUL
VENGENCE
LONDON
COOKS
HOT
PUNCH
HOT
TEA
BREAD
Served
HOT
ACT OF
W. COOK

물을 끓여 앞바퀴를 굴리다

물을 끓이면 증기가 파이프를 타고 올라가 공을 돌렸다.
열에너지를 운동에너지로 전환한 첫 시도였지만
당시에는 재미있는 장난감 정도로만 취급했다.

유프라테스강과 티그리스강 사이 메소포타미아의 땅은 비옥했다. 하구 쪽으로 갈수록 더 그랬다. 여기에 정착했던 수메르인들은 수확한 경작물을 한꺼번에 많이 옮기길 원했다. 필요는 발명을 부르는 법이다.

기원전 3500년 무렵 수메르인들은 바퀴를 고안했다. 둥근 탁자의 모서리 부분을 깔끔하게 다듬어 세웠더니 제법 잘 굴렀다.

우르의 깃발은 초기 왕조시대, 기원전 2600년 전후의 유물이다. 우르(Ur · 바그다드)에서 영국의 고고학자 레오나드 울리가 발굴했다. 겉 부분을 인물과 형상으로 장식한 나무상자다. 우르의 표준(Standard of Ur)이 정확한 표현인데 울리는 막대기 끝에 매달아 전장에 가지고 간 것으로 추정하고 우르의 깃발이라고 불렀다. 장식 재료로 조가비,

▲ 고대 수메르의 유적 '우르의 깃발' 중 '전쟁의 판'

석회암, 청금석 등을 사용했다.

두 종류의 장식판이 있는데 그중 하나가 전쟁의 판이다. 적군을 잔인하게 물리치는 왕의 군대를 묘사하고 있다. 그림 중에 당나귀가 끄는 수레가 등장한다. 다른 하나는 평화의 판이다. 승리를 축하하는 왕과 귀족들의 모습이다.

바큇살은 기원전 2000년을 전후로 등장했다. 4~6개의 바큇살을 썼다. 원판형보다 더 가벼워졌고 그만큼 더 빠르게 굴렀다. 이후로 바퀴의 모양은 크게 바뀔 게 없었다. 재질만 바뀌어왔다.

"바퀴는 인류의 삶을 가장 윤택하게 만든 주역이다." 데이비드 앤서니는 저서 『말, 바퀴, 언어』에서 이렇게 강조했다. 바퀴는 시간을 줄여주었을 뿐만 아니라 공간도 확장시켰다. 수많은 문화의 뒤섞임도 결국 '구르는 만큼 시간을 줄여준' 바퀴 덕분이다.

바퀴는 다음 단계를 꿈꾸게 했다. 스스로의 힘으로 바퀴를 굴리는 탈 것, 자동차(自動車)다. 운동에너지를 어디서 얻을 것인가. 가축이나 사람의 근육은 아니어야 했다.

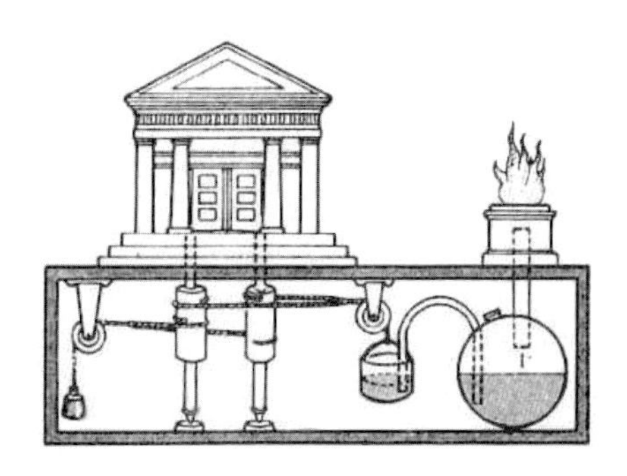

▲ 헤론의 아에올리스의 공(Aeolipile)과 신전 자동문

1세기 로마 초기 이집트의 수학자 헤론. 삼각형 세 변의 길이를 통해 넓이를 구하는 수학 공식의 주인공이다. 기계공학에서도 업적을 남겼다.

물을 끓이면 증기가 파이프를 타고 올라가 공을 돌렸다. 인류 최초로 증기를 이용한 기관이다. 열에너지를 운동에너지로 전환한 첫 시도였지만 당시에는 재미있는 장난감 정도로만 취급했다.

헤론은 알렉산드리아 신전에 신기한 볼거리도 만들었다. 자동문이다. 증기가 밀어내는 힘으로 신전 문과 연결된 무게추를 움직이게 했다. 특별할 때 선보여 마술처럼 사람들을 놀라게 하는 묘미가 있었다. 헤론을 **자동문의 아버지**라고 부르는 이유다. 지금도 많은 자동문 업체들은 헤론을 브랜드명이나 제품명에 쓰고 있다.

레오나르도 다 빈치는 벽시계 태엽을 감다가 번뜩 아이디어가 떠올랐다. 태엽의 반발력을 바퀴를 굴리는 데 쓴다면? 다 빈치는 뒷바퀴 2개에 각각 태엽을 단 후륜구동형의 태엽 자동차를 1480년에 제작했다.

▲ **레오나르도 다 빈치의 자동차 설계를 복원한 모형**
클로뤼세(ClosLucé) 박물관

하지만 기대만큼 멀리 가지 못했다. 10분쯤 지나 태엽이 다 풀리면 세운 채 다시 감아야 했다. 속도도 느렸다. 그래도 도면은 정교하다. 금속재의 스프링이 제동장치 역할을 했다.

17세기, 산업혁명의 전조가 나타났다. 수증기를 동력으로 삼았다. 드니 파팽은 1679년 증기찜통에 이어 1707년 증기외차 배를 만들었다.

독일 베저강에서 외차의 효율성을 시험했는데 뱃사공들의 노에 비할 바가 아니었다. 아차 싶었던 뱃사공들은 몰려가 이 배를 부숴버렸다. 일자리를 빼앗길까 봐 기계를 파괴하는 러다이트 운동(1811년) 100년 전, 비공식 1호 러다이트 사건이다.

토머스 뉴커먼이 1712년 공개한 증기기관은 광산용이었다. 땅을 깊

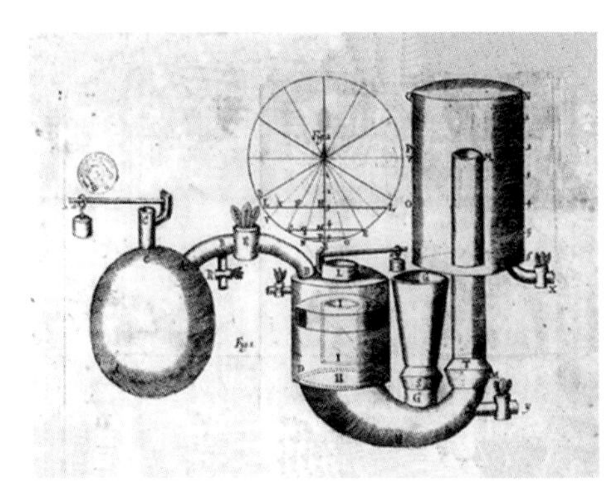

▲ 드니 파팽의 증기찜통과 증기외차. 위기를 직감한 뱃사공들이 몰려가 부숴버렸다.

게 팔 때 고이는 물을 퍼 올리기 위한 것이었다. 수백 대가 제작되어 보급되었지만 단점이 명확했다. 땔감인 석탄이 너무 많이 들어 효율성 측면에서는 **꽝**이었다.

1769년 제임스 와트가 뉴커먼의 엔진을 개량해 특허를 받았다. 증기를 실린더 내부가 아니라 실린더와 연결된 별도의 응축기에서 압축시켰다. 응축기만 냉각되고 실린더의 열은 보존되어 효율성이 매우 높았다. 석탄 소모량은 1/4 이하로 줄어들었다. 이러다 보니 용도가 무한대로 넓어졌다. 진정한 의미의 증기기관이었다.

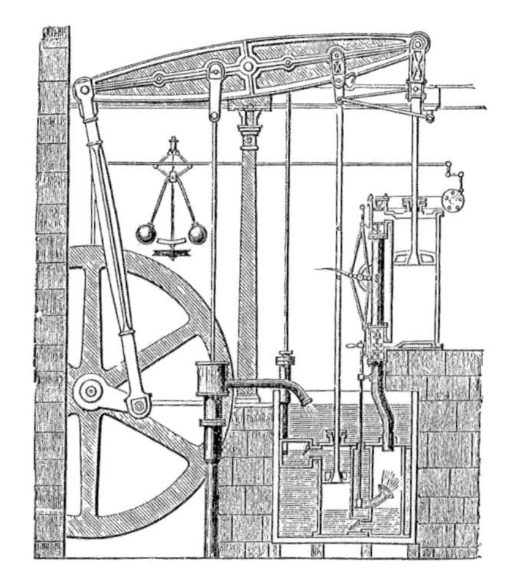

▲ 제임스 와트(볼턴앤드와트)가 1774년 제작한 증기기관

매튜 볼턴은 버밍엄 출신의 기계 기술자이자 사업가였다. 볼턴은 와트의 특허가 유망한 사업 아이템이 될 것이라고 생각했다. 함께 볼턴앤드와트를 설립해 이를 방직공장, 제철소 등에 팔았다. 산업혁명의 효시다.

증기기관을 자동차에 처음 활용한 인물은 프랑스의 니콜라 퀴뇨다. 1769년 무거운 포차(砲車)를 견인하기 위해 만들었다. 3륜이었고 앞바퀴 위에 증기기관을 배치한 전륜구동형이었다.

시속 4km/h의 속도를 냈다. 군인이 걷는 속도와 비슷했다. 보일러의 물을 15분마다 보충했다. 제동장치는 따로 없었다. 세울 필요가 있으면 따라 걷다가 바퀴에 고임목을 끼웠다.

그런데 증기기관이 너무 무거워 방향을 바꾸기 힘들었다. 방향 전환은 고사하고 앞바퀴에 쏠린 관성 때문에 내리막에서 제때 멈추지 못했다. 결국 귀족의 집 담벼락을 들이받아 불까지 났다. 인류 최초의 교통사고였다.

퀴뇨는 **"사람들을 위험에 빠트렸다"**라는 이유로 2년간 옥살이를 해야 했다. 루이 15세는 **"그래도 아이디어가 뛰어나다"**며 600리브르의 상금을 내렸다.

▲ 퀴뇨는 최초의 자동차 제작자이자 최초의 교통사고 가해자였다.
파리산업공예박물관

1824년, 노선버스가 다녔다

1906년 당시 세계에서 가장 빠른 자동차는 증기자동차였다.
시속 200km를 넘겼다.
미국의 레이서가 플로리다 해변에서 기록했다.

증기기관은 외연기관(外燃機關)이다. 기관 외부에서 연료를 태워 물을 끓인다. 여기서 얻은 고온·고압의 증기로 피스톤을 운동시킨다.

증기기관은 덩치가 크고 열효율이 낮아 최근에는 거의 쓰지 않는다. 업데이트 버전이 회전식 증기기관, 증기터빈이다. 화력발전소와 원자력발전소 등에 들어간다. 화력은 석탄, 원자력발전은 원자로가 연료다.

▲ 2025년 진수 예정인 미국 핵 항공모함 엔터프라이즈(CVN-80)

미국의 신형 핵 항공모함은 A1B

원자로 2기를 연료로 삼아 가압경수로 증기터빈을 돌린다. 194MW의 추진력과 함께 300MW 이상의 전력을 만들어낸다. 핵 항공모함의 장점은 무엇일까? 원자로 교체 주기가 올 때까지 연료 걱정 없이 작전할 수 있다. 원자로 수명은 50년 안팎, 핵연료 교체 주기는 25년 정도다.

리처드 트레비식은 코니시 광산의 기사였다. 평생 글을 몰랐지만 어려서부터 기계에 재능을 보였다.

▲ 트레비식의 증기자동차를 복원한 모습
트레비식협회(Trevithick Society)

광산에는 와트의 저압기관이 있었는데 성에 차지 않았다. 효율을 높이고 크기는 줄인 고압기관을 직접 만들었고 이를 자동차에 적용했다.

1801년 크리스마스 이브, 영국 남서부 콘월에서 시운전했다. 막판에 증기의 열을 견디지 못해 고장이 났지만 제동장치에 조향장치까지 퀴뇨의 자동차에 비할 게 아니었다. 상업화가 가능한 수준이었다. 칙칙폭폭 악동(Puffing Devil)이라고 불렀다. 증기를 뿜는 모습을 보고 운행하는 소리를 들으면 딱 그랬다.

1804년에는 이를 바탕으로 페니다렌(Penydarren)을 제작했다. 최초의 증기기관차다. 페니다렌은 제작한 사우스웨일스의 제철소 이름이다. 그런데 증기기관의 무게를 이기지 못해 선로가 자꾸 깨졌다.

1814년에야 제대로 된 선로를 만났다. 조지 스티븐슨이 무게를 견딜 수 있는 **연철 선로**를 개발한 것이다. 스티븐슨은 선로의 표준 궤도를 제시했다. 이 때문에 트레비식은 **증기기관차의 아버지**, 스티븐슨은 **철도의 아버지**로 불린다.

영국의 발명가 월터 핸콕은 증기자동차를 상업적으로 처음 활용했다. 1824년의 증기버스다. 런던 판톤빌에서 핀스베리 스퀘어를 왕복하는 정기노선이었다. 운전수 2명과 화부 1명이 탄 증기엔진 트랙터가 6인승 버스를 끌었다.

1827년 폭발 위험을 크게 줄인 증기보일러에 대한 특허를 받아 'Infant'라는 10인승 소형 버스를 제작했다. 트랙터가 필요 없는 일체형이었다.

이를 개량한 것이 1833년의 'Enterprise'다. 주행할 때 3명의 운전자가 있었다. 방향 전환과 속도 담당, 보일러 담당, 화재와 제동 담당으로 구분했다.

아메데 볼레의 집안은 종(鐘)과 보일러 제작이 가업이었다. 자동차 마니아이기도 했던 볼레는 보일러를 증기자동차용으로 시제작해 마차에 얹었다. 성능이 나쁘지 않았다.

1873년 볼레는 자동차 제작자로 이름을 올렸다. 승객 6명을 태우고 최고 시속 30km 이상을 냈다. 달릴 때 생각보다 조용해 **말 잘 듣는 아이**라는 의미로 '오베이상트(L'Obéissante)'라고 이름 붙였다.

▼ 핸콕의 정기 노선버스 'Enterprise'

▲ 아메데 볼레의 오베이상트(위쪽)와 드-디옹 부통의 라 마르퀴스

다만 무게가 3톤에 달했고 50km마다 460리터의 물을 채워야 했다. 이를 개량한 것이 1878년의 '라 망셀'이다. 2기통 증기기관의 힘이 뒷바퀴에 실렸다.

드-디옹 부통은 '라 마르퀴스'를 1884년 개발했다. 앞바퀴 구동, 뒷바퀴 조향이었다. 오늘날의 지게차와 유사하다. 파리에서 베르사유까지 26km/h로 달렸다.

1897년 미국 스탠리 형제는 부피와 무게를 줄이는 데 성공했다. 보일러 예열시간도 덩달아 줄었다. 게다가 인화성 액체는 무엇이든 땔감으로 쓸 수 있었다. 이듬해 '스탠리 스티머'를 양산했다.

미국 25대 대통령 윌리엄 맥킨리(재임 1897~1901년). 백악관에 1호 차가 없던 시절이다. 스탠리 형제는 1899년 정중히 시승을 요청했다. 짧은 동승이었지만 공식 일정에 잡혔다. 맥킨리는 공식 일정으로 자동차를 탄 첫 미국 대통령이다.

스탠리는 1906년 '로켓(Rocket)'으로 최고 시속 205.5km를 기록했다. 당시 세계에서 가장 빠른 자동차였다. 미국의 레이서

▲ 1906년 당시 세계 최고 시속을 기록한 로켓

프레드 매리어트가 데이토나 비치 코스에서 작성했다. 다만, 상용화하지 않았다. 폭발 위험이 컸기 때문이다.

에브너 도블은 1922년 '모델E'를 발표했다. 1931년까지 24대를 생산했다. 사실상 증기자동차의 최종판이다. 이후로는 내연기관 자동차의 성능에 밀려났다. 미국의 유명 방송진행자 제이 레노는 20번째 모델을 소유하고 있다. 국내에 증기자동차가 도입된 적은 없다.

▲ 자동차 마니아 제이 레노는 증기자동차 도블의 20번째 모델을 갖고 있다.
Jay Leno' s Garage

화석연료의 환경오염 문제가 제기되던 1960년대, 캘리포니아에서 증기자동차 마니아들이 부활을 시도했다. 상대적으로 저공해였다는 이유로 주 정부의 지원금까지 받았다. 그 결과는 어땠을까? 프로토타입까지 만들고 없던 일로 했다. 무게와 불완전연소라는 단점을 해결하지 못했다. 화석연료의 광화학 스모그와 또 다른 문제도 생겼다. 런던형 스모그를 유발했다.

최초의 자동차 동력원이었던 증기는 자동차 분야에서는 퇴출을 겪었지만 반드시 있어야 하는 에너지 자원이다. 지금도 지구상 전력의 80%를 책임지는 발전 도구다. 미국의 생리학자 로렌스 헨더슨의 말이다. **"증기기관이 과학에 빚진 것보다 과학이 증기기관에 빚진 것이 더 많다."**

에디슨 배터리, 주행거리가 무려…

양산형을 처음 선보인 것은 '유럽의 에디슨'이었다.
'미국의 에디슨'도 주행거리를 획기적으로 늘린
전기자동차를 제작했다.

헝가리의 아뇨시 예들리크가 1824년 전기자동차 모형을 만들었다. 전선을 감은 장치가 전기모터 역할을 했다. 전기를 통해 네 바퀴를 구르게 하는 장난감 같은 장치였지만 큰 틀에서 작동 원리는 오늘날의 전기자동차와 다를 바 없다.

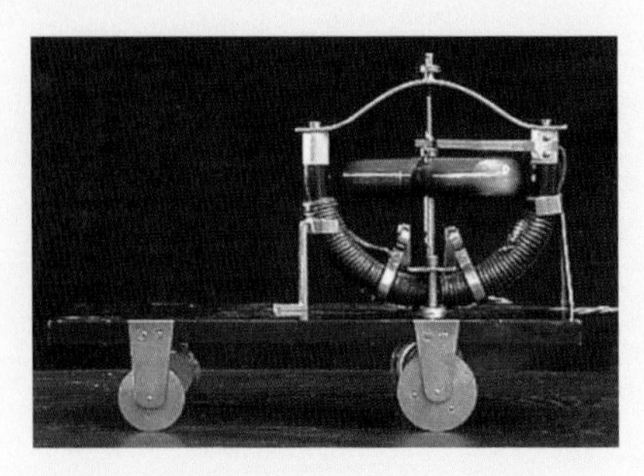

▲ 아뇨시 예들리크의 전기자동차 모형

스코틀랜드의 발명가 로버트 앤더슨은 원유(原油 · Crude Oil) 전기마차를 고안했다. 모터를 돌리는 데 원유를 썼다. 12km/h의 속도를 냈다. 충전이 불가능한 1차 전지였던 만큼 운행 도중 전지를 교체했다. 1832년으로 알려져 있지만 이 역시 정확한 것은 아니다.

1859년 획기적인 계기가 생겼다. 가스통 플랑테가 납과 황산을 이용해 충전이 가능한 납축전지(鉛蓄電池 · Lead-Acid Battery)를 발명한 것이다. 이후 카밀 포레 등 성능을 개량하려는 연구가 뒤를 이었다.

이를 활용한 충전식 전기자동차가 1881년 나왔다. 귀스타브 트루베의 3륜 자동차다. 파리 발루아에서 주행시험을 했다. 그해 파리 국제전기박람회에 공개해 큰 반향을 일으켰다. 납축전지에 지멘스의 전기모터를 얹었다.

▲ 트루베의 3륜차

지멘스는 1878년 10월 세계 최초로 기관차용 전기모터를 개발했다. 이를 바탕으로 제작한 전기기관차를 1879년 5월 31일 개막한 베를린무역박람회에서 공개했다.

▲ 1879년 베를린무역박람회장에서 지멘스 전기기관차에 탑승한 관람객들

박람회 입구 근처에 300m 길이의 원형 선로를 만들어 운행했다. 6명씩 앉을 수 있는 3개의 개방형 객차를 두었다. 4개월간 진행된 박람회의 하이라이트이자 관광명소였다. 그해 9월 30일 폐막 때까지 시속 7km의 속도를 8만 6,398명이 즐겼다.

엄청난 관심을 받은 이 전기기관차는 이후 다른 도시에서도 운행했다. 수많은 도시들이 시연해 줄 것을 요청했기 때문이다. 1882년까지 벨기에 브뤼셀, 영국 런던, 독일 프랑크푸르트, 덴마크 코펜하겐, 러시아 모스크바 등에서 시민들을 맞았다.

지멘스는 1880년 엘리베이터를 만들었다. 양산은 안 했지만 1898년 전기자동차도 제작했다. 베르너 폰 지멘스와 게오르크 할스케가 1847년 설립했다. 1846년 지멘스가 다이얼 전신기를 발명한 것이 창업의 계기였다. 지멘스의 전기기관차 모터는 독일 고속철도 'ICE'로 이어진다.

1884년 최초의 양산형 전기자동차가 등장했다. 배터리 회사를 운영하던 유럽의 에디슨 토마스 파커(Thomas Parker)가 선보였다. 뒷바퀴 쪽에 납축전지와

◀ 토마스 파커의 전기자동차

◀ 라 자미 꼰딴트

모터를 배치했다. 진동과 소음이 줄었다.

시속 100km에 처음 도달한 탈 것은 전기자동차였다. 정확히 105.882km/h였다. 벨기에의 까뮈 제나띠가 '라 자미 꼰딴트(La Jamais Contente)'를 몰고 1899년 4월 29일 프랑스 파리 근처 아셰르에서 기록을 세웠다.

제나띠는 어뢰 모양의 차체를 알루미늄과 텅스텐, 마그네슘 합금으로 가볍게 만들었다. 두 개의 25kW 모터를 심장에 얹고 미쉐린 타이어를 신었다. 붉은 수염의 제나띠가 고속주행을 한 탓에 붉은 악마(Le Diable Rouge)라는 별명을 얻었다. 물론 벨기에와 한국 축구 국가대표팀과는 관련이 없다.

> 축구계에서 붉은 악마가 처음 언급된 것은 1906년이다. 당시 벨기에 대표팀은 프랑스, 네덜란드를 연파하는 등 유럽에서 잘 나가고 있었다. 이에 벨기에 기자가 빨간색 상·하의를 입은 자국 대표팀에게 붉은 악마라는 별칭을 썼다. 한국 대표팀에게는 1983년 멕시코 U-20 세계청소년선수권 4강 신화 직후 외신기자들이 붙여줬다.

1897년 월터 버시가 런던에서 택시 '버시 일렉트릭 캡'을 운용했다. 무게만 무려 711kg에 달했던

▲ 런던의 전기택시 버시 일렉트릭 캡

납축전지가 8마력짜리 전기모터를 구동했다. 최고 속도 14km/h를 냈다. 77대가 만들어졌다.

같은 해 모리스와 살롬은 뉴욕에서 전기택시 회사를 만들었다. 뉴욕의 '일렉트로배트'는 60대가 넘었다. 전기자동차는 1900년 뉴욕에서만 2,000여 대, 미국 전역에 3만여 대가 있었다.

1911년 『뉴욕타임스』는 이런 기사를 내보냈다. **"청정하고 조용하다. 가솔린 자동차보다 경제적인 전기자동차가 오래 사용될 것이다."** 1912년 생산과 판매에서 정점을 찍었다.

▲ 1912년의 전기자동차 광고. 조용하고 공간에 여유가 있다는 것을 강조하고 있다.

전기차는 충전이 느렸고 주행거리도 짧았다. 그럼에도 나날이 인기를 끌었다. 조용하고 조작이 편하니 그걸로 충분했다.

토머스 에디슨은 당연히 전기자동차 지지자였다. 1901년 처음 자동차용 축전지를 제작하면서 주행거리에 초점을 맞췄다. 1913년 니켈-철배터리(Ni-Fe Battery)를 선보이며 포드의 섀시를 빌렸다.

한 번 충전으로 1,000마일까지 갈 수 있었다. 충전 시간도 한층 짧아졌다. 하지만 대중화하기엔 너무 비쌌다. 기온이 낮을 때는 효율성도 현저히 떨어졌다. 1914년 생산을 중단했다.

▲ 주행거리가 1,000마일(1,600km)에 이른다고 광고하는 에디슨 전기자동차

포드의 차체와 에디슨의 배터리가 만난다면? 이 조합은 현실이었다. 두 거부는 버디무비의 주인공들이기도 했다.

1891년 헨리 포드가 에디슨의 전기회사에 취직했다. 종업원 포드는 아이디어가 많고 진지했다. 이에 사장 에디슨이 **애정**을 보였다. 둘 다 정규 교육을 제대로 받지 못했다는 공통점이 있었다. 포드는 에디슨보다 16살이 어렸지만 이후 평생 우정을 이어갔다.

전기기술자 포드는 가솔린 내연기관에 관심이 많았다. 틈틈이 연구해 1896년 네 바퀴 자동차를 완성했다. 2기통 가솔린 자동차 '포드-1'이다.

▲ 포드가 에디슨의 회사에 재직하면서 틈틈이 만든 1896년의 포드-1

처음 주변에 보여줬을 때

▲ 16년 나이차를 극복하고 우정을 이어간 에디슨과 포드

모두 무시했다. 앙상하고 볼품이 없었다. 에디슨만 포드를 이해하고 격려해줬다. 포드는 에디슨에게 자신의 꿈을 말했다. **"모든 이들이 저렴하게 자동차를 몰게 하겠다."**

대량생산으로 거부가 된 포드는 1929년 에디슨 전구 발명 50주년 기념 축제 비용 전액을 댔다. 에디슨이 전구를 발명했던 연구소를 그대로 재현해 선물하기도 했다. 당시 재산이 10억 달러가 넘는 부자는 포드가 처음이었다. 록펠러나 카네기도 이 정도는 아니었다.

포드는 말년에 거동이 불편해진 에디슨 집 근처로 이사했다. 휠체어를 장만했는데 에디슨에게 선물하려고 산 게 아니었다. 걷는 데 아무 문제가 없는 자신이 탈 휠체어였다. 두 사람은 함께 휠체어 산책을 했다.

하이브리드 1호, 이 사람이?

나치당에 입당해 전차와 군용차량을 설계해 제공한 혐의로
옥살이를 했다. 결국 무죄 판결을 받았지만
말년은 명성만큼 유복하지 못했다.

1875년 보헤미아 왕국의 마퍼스도르프에서 태어났다. 지금의 체코, 당시 오스트리아-헝가리 제국의 서북부 지역이다. 아버지가 아연 공장을 운영해 형편이 넉넉한 편이었다. 마을에서 전깃불이 처음 들어온 집이었다. 덕분에 어릴 때부터 전기에 관심이 많았다. 페르디난트 포르쉐의 방에 실험실을 만들 수 있을 정도였다.

포르쉐는 대학 대신 전기회사를 선택했다. 실습생 신분이었는데 운명이었다. 첫 제작 실습이 전기마차였다. 이때부터 자동차의 매력에 빨려 들어갔다.

1898년 황실에 자동차를 납품하는 회사 야콥-로너로 이직해 후륜구동 '에거-로너(C.2 페이톤)' 제작을 주도했다. 포르쉐 1호, P-1은 전기

자동차였다.

▲ 전기회사 실습생 시절의 포르쉐

차체 뒤에 500kg짜리 배터리와 모터를 달았다. 한 번 충전으로 80㎞를 달렸다. 5마력에 최고 시속 35㎞를 냈다. 그런데 배터리가 무거워 언덕을 오를 때 너무 느렸다. 배터리 소모도 많았다.

1900년 인휠모터(in-wheel motor)를 개발해 앞바퀴에 달았다. 가솔린 엔진을 구동해 모터를 돌리는 데 필요한 전기를 생산했다. 가솔린 엔진을 활용한 것은 증기엔진에 비해 가벼웠기 때문이다.

이 엔진은 휠 구동에는 전혀 관여하지 않았다. 세계 최초의 하이브리드 자동차 '젬퍼비부스(Semper Vivus)'는 가솔린-전기 직렬식이었다. 2.5마력짜리 가솔린 엔진 두 개가 2.7마력을 내는 전기모터를 돌렸다. 이 직렬식은 지금도 활용 중이다. 쉐보레 볼트가 대표적이다.

▲ 앞바퀴에 모터를 단 젬퍼비부스(왼쪽). 4륜구동 하이브리드 로너-포르쉐 믹스테

뒷바퀴에도 인휠모터를 달면 4륜 구동이었다. 1900년 파리 세계박람회에 출품한 '로너-포르쉐 믹스테(Lohner-Porsche Mixte)'다. 경주용으로 개조하기도 했다. 30마력 출력에 최고 시속은 90km에 달했다.

포르쉐도 병역 의무를 피할 수는 없었다. 제국군으로 입대했는데 첫 보직은 자신이 만든 자동차, 믹스테 운전병이었다. 그러던 중 제국군 감찰총감 프란츠 페르디난트 대공을 모셨다. 황위 계승 서열 1위로 **사라예보의 총성**으로 알려진 그 인물이다.

▲ 1914년 6월 28일 사라예보 시청을 나서는 프란츠 페르디난트 대공 부부. 피격 몇 초 전 사진이다.

반(反)제국 단체가 1914년 6월 28일 사라예보를 방문한 대공을 저격했다. 이들을 색출해 처벌하라는 최후통첩을 세르비아는 거부했다. 한 달 만인 1914년 7월 28일, 제국은 세르비아에 선전포고했다. 제1차 세계대전의 시작이다.

대공은 암살용 권총탄에 효용성을 입증한 실크 방탄조끼를 입고 있었다. 하지만 총탄은 목을 향해 날아가 경동맥을 끊었다. 두 번째 총탄은 부인 조피를 향했다. 부부는 현장에서 숨을 거뒀다.

대공이 피격 당시 이용한 차량은 오스트리아의 섀시 제작사 그래프&스티프트(Gräf&Stift)의 287번째 출고 모델 '더블 페이톤'이다. 다임러의 4기통 32마력 엔진을 얹었다. 프란츠 폰 하라흐 백작이 개인 주문했다가 대공에게 선물했다.

섀시 제작사 오스트로-다임러는 1906년, 제대한 포르쉐를 모셨다. 여기서 95마력을 내는 5.7ℓ 가솔린 엔진의 4인승 오픈카 '프린스 헨리'를 제작했다.

이때의 기술력으로 빈 공대와 슈투트가르트 공대에서 명예박사 학위를 받았다. 포르쉐 박사로 불리는 이유다. 현재 포르쉐의 공식 사명은 명예박사 페르디난트 포르쉐 주식회사(Dr. Ing. h. c. F. Porsche AG)다.

'외계인이 만든 차'로 불리기도 했던 포르쉐의 시작은 언제일까? 하이브리드를 포기하고 '자신만의 고성능'에 몰두하면서부터다.

포르쉐는 1923년 다임러의 기술책임자가 되었다. 하이브리드를 포기하고 터보를 활용한 가솔린 엔진 개량에 집중했다. 1926년까지 고성능 메르세데스를 상징하는 S, SS, SSK 모델을 만들었다.

1926년 다임러와 벤츠가 합병했을 때 떠났다. 자신의 색채를 담은 고성능 자동차를 개발하고 싶었다. 1931년 자동차 엔진과 섀시를 설계하는 회사 '포르쉐'를 독일 슈투트가르트에 설립했다. 처음 제작 의뢰를 받은 것은 반더러(Wanderer)의 6기통 엔진이었다.

1932년에는 '타입12'를 만들었다. 오토바이 제조업체로 자동차 생산에 뛰어들려고 했던 췬다프(Zündapp)와 함께 추진했다. 그런데 어떤 엔진을 탑재할 것인지에 대해 처음부터 이견을 보였다.

당시 기본이었던 2기통 엔진 외에 포르쉐는 4기통, 췬다프는 5기통 엔진을 고집했다. 이견 끝에 췬다프는 도중에 발을 빼고 또 다른 오토바이 제조업체 NSU(NSU Motorenwerke)가 그 자리를 대신했다.

3가지 엔진을 각각 장착한 3대의 프로토타입을 만들었다. 하지만 오토바이 업체와의 협력이 원만히 흘러가지 않은 탓에 양산으로 이어지진 않았다. 이 3대는 포르쉐가 보관하고 있다가 1945년 연합군의

◀ 포르쉐가 오스트로-다임러에 있던 1918년 제작한 프린스 헨리

▶ 1932년 포르쉐가 제작한 타입12

◀ '356' 옆에서 포즈를 취한 포르쉐. 그 옆은 아들 페리

슈투트가르트 폭격으로 잿더미에 묻혔다. 뉘른베르크산업박물관에 있는 타입12는 복제품이다.

포르쉐는 제2차 세계대전 당시 각종 군용차량을 설계해 나치에게 제공했다. 1945년 12월 전범으로 체포되었다. 20개월 옥살이를 했지만 결국 무죄 판결을 받았다. 회사는 아들 페리가 운영했다. 포르쉐는 1951년 사망했다.

포르쉐의 첫 양산차는 1948년의 '356'이다. 후드에 PORSCHE 레터링을 새겼다. 엠블럼은 따로 없었다. 1951년부터 356을 미국에 수입했던 딜러 맥스 호프만은 1951년 아들 페리 포르쉐를 뉴욕에서 만나 엠블럼을 제작해줄 것을 요청했다. **"미국의 모든 자동차는 엠블럼을 갖고 있다. 포르쉐만의 엠블럼을 만들어달라."**

페리는 귀국하자마자 엠블럼 제작을 지시했다. 본사가 있는 곳의 문양과 상징, 두 개를 합쳤다. 사슴뿔과 줄무늬는 독일 제국의 일원이었던 뷔르템부르크 왕국의 문양, 말은 왕국의 수도였던 슈투트가르트의 상징이다.

페리가 호프만의 요청을 받자마자 식사 도중 즉석에서 냅킨에그려

▲ 냅킨 위에 직접 그려 설명했다고 전해지는 엠블럼과 현재의 포르쉐 엠블럼

보여줬다는 얘기가 전해진다. 평소 뷔르템부르크 왕국의 문양을 이토록 자세히 기억했을지 의문이다. 엠블럼이 대표의 습작만으로 만들어지는 경우도 거의 없다. 완성 단계에서 호프만과 다시 만난 페리가 종이가 없어 냅킨에 그려 설명했을 수는 있다.

두 달 월급으로 'My Car'를

생산량과 가격은 반비례한다.
모델T 생산이 늘면서 포드 노동자 두 달 치 월급으로까지
가격이 내려갔다. 전 세계 국민차의 아버지라고 할 수 있었다.

벨기에의 에티엔 르누아르가 1860년 가솔린 내연기관을 발명했다. 크랭크축의 회전을 기본으로 하는 엔진이어서 작동시키려면 플라이휠을 강하게 돌려야 했다. 그런데 당시 이 작업은 사람이 직접 했다. 오토-다임러-마이바흐의 4행정기관, 칼 벤츠의 페이턴트 모터바겐과 포드-1까지 초기에는 모두 이랬다.

20세기 초, 크랭크축과 연결된 손잡이를 돌리면 시동이 걸리도록 개선했다. 차체 앞쪽으로 핸드 크랭크 스타터(Hand Crank Starter)가 나오도록 설계했다. 이전에는 경운기 시동을 이렇게 걸었다. 포드의 모델T도 이런 방식이다.

상당한 힘이 있어야 했다. 순간적으로 강한 힘을 가하다가 다치는 경우도 많았다. 부유층은 시동 거는 사람을 따로 두었다. 이들이 앉

던 자리를 어시스턴트 시트(Assistant Seat)라고 불렀다. 조수석이다.

1912년 버튼을 눌러 시동을 거는 방식이 나왔다. 미국 캐딜락에 전기 장치를 납품했던 델코가 개발했다. 배터리를 내장해 시동을 거는 데 필요한 전력을 확보했다.

▲ 핸드 크랭크 스타터로 포드 모델T의 시동을 거는 운전자
LosAngeles Public Library

하지만 이후에도 핸드 크랭크 스타터 방식을 한동안 썼다. 저렴했고 대형 엔진에 활용하기엔 델코가 내장한 배터리의 성능이 모자랐다.

키를 꽂고 돌려 시동을 거는 턴-키 스타터(Turn-key Starter) 방식은 1950년대 들어 대중화되었다. 보안과 안정성에 획기적이었다. 시작은 1949년 크라이슬러였다. 페이턴트 모터바겐 이후 63년 동안 모든 자동차는 키 없이 달린 셈이다.

헨리 포드는 1903년 첫 양산차를 출시한 후 개선 순서에 따라 알파벳을 매겼다. 모델A, 모델B, 모델C …. 모델T는 20번째 개선 모델이

◀ 버튼을 눌러 시동을 건 캐딜락 모델 30. 스타터 모터를 표준장비로 처음 장착했다.

▲ 1910년형 모델T 옆에 서서 포드-1을 바라보는 포드
헨리포드박물관

다. T 이전, 제작에까지 이르렀던 모델은 A, B, C, F, K, N, R, S 8종이다.

1908년 대량생산 방식인 포디즘을 구상했다. 부품의 표준화, 제품의 단순화, 작업의 전문화 **3S**다. 새로운 것은 아니었다. 1881년에 제시된 테일러시스템을 자동차에 적용했다.

1913년에는 컨베이어벨트 조립 방식을 도입했다. 자동차 한 대에 5,000여 개의 부품이 들어갔다. 노동자들은 단순하게 표준화된 부품 작업을 벨트의 속도에 맞춰 정확히 반복했다.

▲ 1913년 포드의 생산 라인
헨리포드박물관

750분 걸리던 한 대 조립 시간은 93분까지 줄었다. 생산량이 많아질수록 가격은 내려갔다. 모델T의 가격은 1908년 825달러에서 1913년 550달러, 1920년 255달러로 낮아졌다. 1920년 당시 포드 노동자는 두

달 치 월급으로 나만의 자동차를 가질 수 있었다.

더 이상 부유층의 전유물이 아니었다. 1908년부터 1927년까지 20년 동안 모델T는 1,500만 7,033대가 팔렸다. 포드는 **국민차의 아버지**라고 불릴 만했다.

지금도 건재한 경쟁사 한 곳은 1914년 6만 6,000여 명이 연간 28만 대를 만들었다. 포드는 1만 3,000여 명이 30만 대를 생산했다. 포드는 대량생산의 장점을 이렇게 설명했다. **"차 가격을 1달러 내릴 때마다 새로운 고객 1,000명이 더 생긴다."**

1915년 이후로는 '검정T'만 출고했다. 검정 도장이 가격도 쌌다. 포드 내에선 농담처럼 이런 말이 돌았다. "모든 고객은 자신이 원하는 색상으로 차량을 도색할 수 있습니다. 원하는 색상이 검은색이라는 가정하에 …"

모델T는 파생 모델을 많이 만들어냈다. '모델T 런어바웃'은 현재의 기준으로 쿠페다. 2인승으로 하드탑·소프트탑이 있었다. 차체만 만들어 팔기도 했다. '모델TT'인데 이를 산 고객들은 대부분 짐칸으로 개조했다. 이후 아예 짐칸

▲ 모델T 런어바웃(왼쪽)과 원하는 용도에 맞게 개조할 수 있었던 모델TT
헨리포드박물관

으로 만들어 판 양산형 모델이 '모델T 런어바웃 픽업바디', 최초의 픽업 트럭이다. 여기서 다시 파생한 것이 'SUV'다.

전기자동차 가격은 1,000~3,000달러였다. 250달러 안팎이던 모델T와 가격 경쟁이 되지 않았다. 충전에 너무 오랜 시간이 걸렸다. 여기에 1901년 텍사스 스핀들톱 이후 오클라호마, 캘리포니아 등에서 잇따라 유전이 터졌다. 가솔린과 디젤 가격은 크게 떨어졌다. 1920년대 이후 전기자동차는 충전 기술이 따라가주지 못하면서 도태했다. 무겁고 연료 효율이 떨어졌던 증기자동차도….

▲ 모델T의 승합형은 영화 〈암살〉에서 임시정부의 임무용 차량으로 나온다.
쇼박스

포드는 1914년 일당 5달러를 도입했다. 대량생산을 하면서 숙련공의 중요성은 더 커졌다. 필요 없는 인력은 해고했다. 그 대신 필요 인력에게는 고임금과 근로시간 단축이라는 당근을 주었다.

주 5일제 근무를 처음 도입한 것은 포드다. 1926년부터 포드의 모든 조립라인은 토·일요일에는 멈췄다. 기계를 강제로 꺼버렸다.

포드는 반유대주의자였다. 나치를 지지했다. 히틀러의 생일선물로 5만 달러 수표를 보내기도 했다. 히틀러는 1938년 포드의 생일날, 외국인에게 줄 수 있는 최고 등급의 독수리훈장을 수여했다.

『더 디어본 인디펜던트(*The Dearborn Independent*)』는 1901년 창간한 주간신문이다. 포드가 1918년 인수한 후 이듬해부터 1927년까지

The Ford International Weekly

THE DEARBORN INDEPENDENT

The International Jew: The World's Problem

▲ 포드가 발행한 반유대주의 주간신문 『더 디어본 인디펜던트』(왼쪽). 1938년 나치 정부로부터 훈장을 받는 포드

발행했다. 『포드 인터내셔널 위클리(*Ford International Weekly*)』로도 불렸다.

신문은 1925년까지 90만 부의 발행 부수를 기록했다. 『뉴욕데일리뉴스』에 이어 두 번째이자 주간신문으로는 가장 많았다. 포드 딜러들에게 부과한 부수 할당제 덕분이다. 반유대주의 내용과 관련한 소송으로 인해 문을 닫았다. 1927년 12월 마지막 주가 마지막 호였다.

히틀러의 저서 『**나의 투쟁**(*Mein Kampf*)』은 포드의 『국제유대인(*The International Jew*)』에서 베낀 부분이 많다. 국제유대인은 더 디어본 인디펜던트의 주요 기사들을 묶어 펴낸 책으로, 400여 쪽에 걸쳐 유대계 자본가들의 문제점을 조목조목 비판했다. 책에 감동한 히틀러는 집권하기 전까지 포드의 초상화를 집무실에 걸어두었다고 한다.

- 작아도 충실한 차, 알지?
- 이게 된다고? 페라리도 '엄지 척'
- 딱정벌레가 도시를 뒤덮다
- 날달걀 깨뜨리지 마!
- '산업건축의 백미'에서 생쥐가…

저렴하게 보급 한 번 해봐?

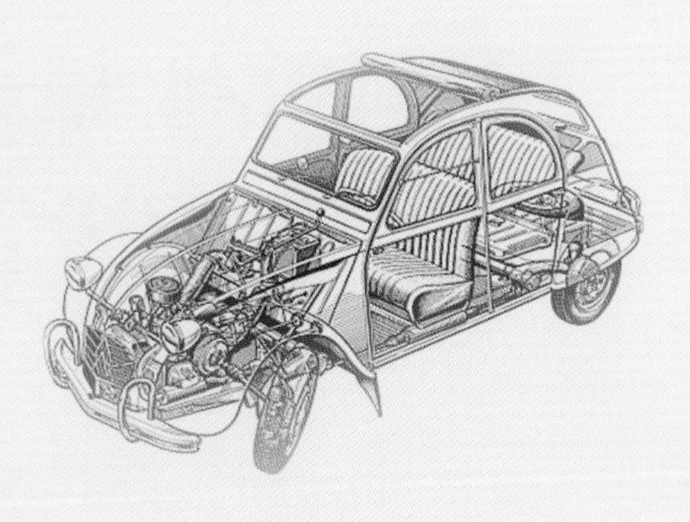

작아도 충실한 차, 알지?

제1차 세계대전은 자동차 역사에
엄청난 영향을 미쳤다.
다른 전쟁보다 훨씬 더 …

허버트 오스틴은 원래 양털깎이 사업가였다. 자동차에 별 관심이 없었다. 프레드릭 울슬리가 자동차를 제작하겠다며 투자를 제안했다. 1894년 투자자로서 시제품을 본 후 마니아가 되었다.

1905년 울슬리에 대한 투자와 별도로 오스틴(Austin)을 차렸다. 이듬해 4월 '오스틴-1'을 출고했다. 20마력짜리는 500파운드, 30마력짜리는 650파운드에 팔았다.

고급차였다. 영국 귀족, 러시아 대공, 주교 등이 고객 명단에 있었다. 1908년에는 100마력짜리 경주용 자동차도 만들었다. 오스틴은 노리치와 맨체스터, 런던에 전시장을 두었다.

제1차 세계대전이 끝난 후 분위기가 바뀌었다. 피폐해진 경제 상황 때문에 고급차 수요가 감소했다.

▲ 1910년형 오스틴 18/24(왼쪽). 1910년 런던 롱에이커의 오스틴 전시장. 메르세데스(다임러) 전시장이 옆에 있다.

어쨌든 시장에서 먹혀야 했다. 대중차로 눈을 돌렸다. 이 결과물이 1922년 '세븐(Seven)'이다. 저렴하고 단순했지만 있을 건 다 있었다. 1939년까지 29만 대 넘게 팔렸다. 성능이 더 좋을 필요도 없었다. 696cc 엔진으로 7마력을 냈다.

모델명은 세금에서 비롯되었다. 당시 영국은 자동차세를 출력으로 매겼다. 7마력짜리 자동차세는 7파운드였다.

◀ 크지 않았지만 있을 건 다 있었던 오스틴 세븐

'키드니 그릴' '호프마이스터 킨크'의 BMW는
오스틴에게 빚을 아주 많이 졌다.

수요는 눈에 보이는데 당장 개발할 여력이 없었던 업체들은 세븐의 라이선스를 사갔다. BMW 버전은 '딕시', 닛산(Nissan) 버전은 '닷선', 프랑스 로젠가르(Rosengart) 버전은 'LR2'였다. 로열티는 한 대당 2파운드였다.

BMW는 아이제나흐 공장에서 1928년 '딕시 3/15'를 제작했다. BMW가 자동차 제작사로 처음 이름을 올린 것은 라이선스 생산이었다. 1929년에는 4기통 747cc로 15마력을 낼 수 있게 개량하면서 'BMW 3/15'로 모델명을 바꿨다.

BMW는 3/15 이후 축적된 기술을 바탕으로 독자 개발에 나섰다. 그 결과물이 1932년 발표한 최초의 고유 모델 '3/30'이다.

BMW는 제1차 세계대전 중이던 1916년 항공기 엔진 제작사로 출범했다. 하지만 패전국 독일은 베르사유 조약에 따라 항공기를 만들 수 없었다. 공장과 기술이 있었던 BMW는 고민 끝에 오토바이를 생산했다. 1923년 출시한 'R32'다. 너무 잘 팔렸다. 변신은 훌륭했다. 다음 수순은 4륜이었다.

▼ 세븐의 독일 버전 BMW 딕시

▼ BMW를 오토바이 제작업체로 유명하게 만든 1923년의 R32

▲ BMW의 두 번째 독자 모델 303.
키드니 그릴의 시작이다.

지금까지도 이어지는 키드니 그릴(Kidney Grill)은 1933년 등장했다. 한 쌍의 신장 모양 그릴 뒤편에 6기통 심장을 얹은 '303'이다.

자동차 수리공이었던 윌리엄 모리스는 1912년 고향 옥스포드에 회사를 세웠다. 오스틴에 비해 한 발 늦게 뛰어든 대신 과감히 포디즘을 도입했다.

로고는 창업한 옥스포드 지역의 문장에서 가져왔다. 가로로 파란 세 줄 위의 붉은 소는 소(Ox)가 건널 만한 얕은 하천(Ford)을 의미한다.

1호 모델은 1913년의 '옥스포드 불노즈'였다. 모리스의 고향과 수소의 코처럼 윗부분을 둥글게 만든 그릴의 생김새를 모델명에 활용했다.

출시와 동시에 가성비로 입소문이 났다. 1915년과 1919년에 선보인 개량형 '카울리 불노즈'도 인기몰이를 했다. 모리스의 1924년 영국 자동차 시장점유율은 51%에 달했다.

▲ 옥스포드의 문장을 그대로 가져온
모리스의 로고

1928년 선보인 '모리스 마이너'는 오스틴 세븐보다 덩치가 컸으면 좋겠다는 고객의 의견을 받아들였다. 847cc 엔진이 8마력의 힘을 냈다. 출력 때문에 '모리스 에이트'로 불리기도 했다.

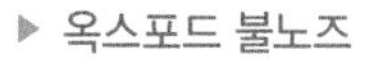
▶ 옥스포드 불노즈

◀ 1932년형 모리스 마이너 스페셜 쿠페

제원상으로는 세븐보다 나았다. 투어러와 쿠페형 등을 잇달아 선보였다. 모리스는 1930년대 영국 대중차 시장을 오스틴과 양분하며 국민차 대접을 받았다.

모리스는 제2차 세계대전이 끝나면 경기가 나빠질 것으로 판단하고 모스퀴토 프로젝트(Mosquito Project)를 가동했다. 전후 소형차 생산 계획을 모기가 접근하듯이 은밀히 추진했다. 그렇게 내놓은 것이 1948년의 2세대 마이너, '모스퀴토 마이너'다. 4도어와 2도어 모델이 있었다.

▲ 1950년형 2세대 마이너

이게 된다고? 페라리도 '엄지 척'

영국을 필두로 한 연합군과 이집트 간의
2차 중동전쟁은 또 다른 밀리언셀러를 개발하게 했다.
페라리는 이 모델의 고성능 버전을 3대나 가지고 있었다.

영국 소형차 시장의 두 강자 오스틴과 모리스가 1952년 갑자기 합병을 발표했다. 전격적이었다. 당시 생산량으로 세계 4위의 브리티시모터(BMC)가 탄생했다.

BMC로 합병한 후에도 오스틴은 세븐의 후속인 A30을, 모리스는 2세대 마이너를 각자 생산했다. 엔진을 공유했지만 별도의 생산 체제를 유지했다.

1956년 이집트 나세르 정권은 유럽에 충격을 안겼다. 영국 회사가 운영해 오던 수에즈 운하를 점령한 후 국유화를 선언하며 폐쇄했다. 중동산 석유에 의존했던 유럽에게는 발등의 불이었다.

수에즈-지중해 루트로 공급을 받던 수입에 차질을 빚으면서 유가가 폭등했다. 영국, 프랑스, 이스라엘 연합군이 이집트를 침공했다. 2차

중동전쟁이다. 전쟁과 동시에 영국은 휘발유 배급제를 실시했다.

기름 한 방울이 아쉬웠다. BMC는 기름을 덜 먹는 최고의 소형차를 개발하기로 했다. 모리스의 엔지니어 겸 디자이너였던 **알렉 이시고니스**가 프로젝트를 맡았다. 적임자였다.

▲ 이시고니스는 스피드 마니아였다

이시고니스의 첫 직장은 자동차 설계사무소였는데 주말이면 경주대회에 참가했다. 1928년 오스틴 세븐의 스포츠 모델 얼스터를 구입해 튜닝했다. 자신만의 경주용 차 '이시고니스 라이트웨이트 스페셜'을 만들었다.

1936년 모리스로 옮긴 후 혁신적인 서스펜션 설계자로 이름을 알렸다. 모스퀴토 프로젝트에 자신의 경주대회 참가 경험을 반영했다. 빅히트를 친 2세대 마이너는 1971년 단종할 때까지 약 160만 대를 생산했다. 100만 대 이상 생산된 최초의 영국 자동차다. 2세대 마이너를 **영국의 비틀**로 평가하는 이들도 있다.

▲ 이시고니스는 실내 공간 확보를 위해 엔진을 가로로 배치했다.

이시고니스는 작고 경제적인 대중차를 백지상태에서 재설계했다. 적임자였지만 쉽지 않았다. 작은 차체에 넓은 실내? 어울리지 않았다.

발상을 전환하니 길이 보였다. 전륜구동으로 바꿔 뒷바퀴 구동축을 없앴다. 세로였던 엔진도 가로로 배치했다. 후드 부분을 더 줄일 수 있었다. 차체가 작아지고 가벼워진 만큼 연비도 개선되었다.

1959년 '미니'가 태어났다. 미니어처 같았지만 어른 4명에 뒷좌석 뒤로 짐까지 실을 수 있었다. 고전적인 영국 스타일의 디자인도 사랑을 받았다.

오스틴은 '세븐', 모리스는 '미니무스 마이너', 같은 차 두 이름으로 판매했다. 모리스는 가장 작다는 뜻의 라틴어 미니무스(Minimus)를 앞에 붙였다. 점점 인기를 끌면서 줄여 부르느라 뒤의 무스 마이너는 사라지고 앞의 미니만 남았다.

경주용 차량 제작자이자 레이서였던 존 쿠퍼가 미니에 관심을 보였다. 쿠퍼가 미니를 개조해 직접 몰고 지역의 레이싱 대회에 출전했다. 이시고니스는 처음에는 탐탁잖게 여겼다가 대회에서 좋은 성적을 거두자 마음을 돌렸다.

1961년 미니 쿠퍼, 1963년 미니 쿠퍼S로 협업했다. 가볍게 성능을 극

▲ 여유 있다고 할 수는 없었지만 성인 4명을 태울 수 있었다. 아니면 그 이상도…

▲ 1964~1967년 몬테카를로 랠리를 휩쓴 미니 쿠퍼S

대화한 존 쿠퍼의 개조 미니는 1964년부터 1967년까지 몬테카를로 랠리를 휩쓸었다. 미니JCW(Mini John Cooper Works)는 여기서 시작되었다.

한 번 미니는 영원한 미니였다.
회사 주인이 바뀌어도 미니는 미니였다.

영국은 미니, 미니는 영국이었다. BMC는 1969년 미니를 별도 브랜드로 독립시켰다. 이시고니스는 이 공로로 여왕으로부터 기사 작위를 받았다. 수상 이벤트로 여왕을 미니에 태우고 윈저궁을 한 바퀴 돌았다.

1969년 마이클 케인 주연의 영화 <이탈리안 잡(Italian Job)>이 개봉했다. 미니가 계단을 내려가고 지하보도를 질주했다. 앙증맞은데 강한 이미지까지 심었다. 2003년 할리우드가 리메이크했다. 마크 월버그와 샤를리즈 테론이 주연했다. 여기에는 현대적으로 부활한 'BMW 미니'가 나온다.

▲ 1969년의 〈이탈리안 잡〉

▶ 2003년의 〈이탈리안 잡〉
파라마운트 픽처스

▲ 사랑템 미니를 스커트 이름에 붙인 메리 퀀트. '짧다', '작다'라는 의미로는 안성맞춤이었다.

패션계에서 스커트의 길이는 짧아지고 있었다. 무릎 위 스커트가 간간이 나오기도 했다. 영국의 메리 퀀트가 과감히 무릎 위 7cm까지 올린 스커트를 선보였다. 여기에 자신이 사랑하는 자동차 이름을 붙였다.

페니레인은 존 레논과 폴 매카트니의 고향 리버풀의 길 이름이다. 비틀스는 싱글앨범 **페니레인**을 홍보하기 위해 1968년 페니 동전 4,000여 개를 외관에 붙였다. 변색 방지를 위해 래커 코팅으로 마감했다. '페니레인-미니'는 동전 때문에 일반 미니보다

비틀스의 존 레논은 면허증이 없었다. 그런데도 너무 갖고 싶어 1964년 미니를 샀다. 영국 왕실의 마거릿 공주는 재미가 있어 미니 운전을 즐겼다. 왕실이 여러 대 구입한 것과 별개로 '내돈내산'했다.

▲ 비틀스의 페니레인-미니(왼쪽). 면허증 없이 구입한 존 레논

200파운드 정도 더 무겁다.

페라리의 창업자 엔초 페라리는 미니를 극찬했다. 작은 덩치에서 뿜어져 나오는 폭발적인 성능 때문이다. 레이서였던 엔초에게는 깜짝 놀랄 괴력이었다. 187cm의 장신이 편히 앉아 운전할 수 있다는 게 더 신기했을지도 모른다. 엔초는 고성능 미니 쿠퍼S가 새로 출시될 때마다 구입해 총 3대를 보유했다.

◀ 1964년 페라리 창업자 엔초 페라리와 함께한 알렉 이시고니스

딱정벌레가 도시를 뒤덮다

요구사항은 매우 구체적이었다.
가격과 연비, 최고 속도, 탑승 가능 인원까지.
그런데 듣고 나서 생각할수록 어이가 없다는 게 문제였다.

히틀러는 1933년 집권하자 폭스(Volks · 국민)바겐(Wagen · 차) 계획을 세웠다. 경제를 살리면서 국가 통제력도 강화할 수 있다고 생각했다. 노동자 계층의 환심을 사기에도 좋았다. 자동차는 여전히 부자들의 소유물이라는 인식이 강했다.

히틀러는 아우토반과 모터스포츠도 기획했다. 이들을 통해 독일의 기술력을 과시하고 싶었다. 아우토반은 나치가 처음이 아니다. 바이마르공화국 때 계획이 나왔다. 재정적으로 여유가 없어 공사에 들어간 구간은 몇 군데밖에 없었다. 공공사업을 통해 실업률을 잡겠다는 의도도 있었다.

총 연장 2만㎞ 건설을 목표로 1933년부터 공사에 착수했지만 나치 집권 기간 3,800㎞에 그쳤다. 현재 아우토반의 총연장은 1만

▲ 아우토반 착공 현장에서 첫 삽을 뜨는 히틀러
독일연방기록보관소

3,200km가량이다.

모터스포츠를 준비하기 위해 고성능 자동차 설계자들을 자주 만났다. 페르디난트 포르쉐도 그중 한 명이었다.

히틀러 국민차의 제원은 매우 구체적이었다.

"1,000라이히스마르크(당시 환율로 400달러) 이하일 것. 최고속도가 시속 100km에 달할 것. 혹독한 겨울을 고려해 실린더를 공기로 식히는 공랭식 엔진일 것. 연비는 ℓ당 10km 이상일 것. 일반적인 독일 가정에 맞춰 성인 2명, 어린이 3명을 태울 수 있을 것."

나서는 업체는 한 군데도 없었다. 당연했다. 오늘날로 치면 1,000원을 쥐여주며 생선에 쇠고기까지 사 오라는 얘기였으니. 진척이 없었다.

결국 히틀러는 총애하던 포르쉐를 콕 찍어 지시했다.

▲ 히틀러와 포르쉐는 '깐부' 수준이었다고 한다.
독일연방기록보관소

혈통에도 문제가 없었다. 체코인 포르쉐는 1934년 독일 국적을 취득했다. 결정적으로 유대계가 아니었다.

찍힌 포르쉐는 히틀러의 지시를 듣고 고개를 끄덕이더니 집무실을 나서면서 이렇게 중얼거렸다. **"현실을 모르는 미친 놈! 그런 차를 내가 어떻게 만들어?"**

그래도 포르쉐였다. 1937년 시제차 'VW30'을 히틀러에게 인도했다. 26마력에 최고 속도는 100km였다. 연료 효율도 요구치에 근접했다. 공장이 다 지어지지 않아 시제차는 다임러-벤츠가 만들었다. 양산 가격은 990라이히스마르크, 지시에 딱 들어맞았다.

▲ 1938년 선보인 폭스바겐 타입-1(카데에프바겐)

나치의 노동자조합단체 독일노동전선 산하 카데에프(KdF)가 폭스바겐을 운영하기로 했다. 공장은 정부 보조금으로 지었다. 1938년 히틀러는 양산형인 '타입-1'에 '카데에프바겐'이라는 이름을 주었다.

1939년 말부터 본격 양산에 들어가려고 했다. 그런데 그럴 수 없었다. 제2차 세계대전을 일으켰고 나치는 공장을 징발했다.

히틀러는 독일인들이 많이 살았던 체코 지역에 유세를 자주 갔다. 그때 타트라의 T97이 좋게 보였던 모양이다. **"이런 차가 아우토반에서 달려야 한다"**라고 주변에 얘기했다.

◀ 체코 타트라의 T97

포르쉐는 T97을 참고하려다가 선을 넘었다. 후방 배치 엔진은 물론 외관 디자인까지 똑같지는 않지만 상당히 유사했다. 차량 트렁크 쪽에 들어간 엔진의 배기량만 달랐다. T97은 1,759cc, 타입-1은 985cc였다.

타트라는 1938년 폭스바겐을 상대로 소송을 냈다. '후방엔진 특허 침해 소송'이었다. 전쟁으로 멈췄다가 속개된 법정에서 포르쉐는 "참고했다"고 인정했다. 배상액 등을 둔 법적 다툼은 지루하게 흘러가다가 1961년, 23년 만에 마무리되었다. 폭스바겐은 300만 마르크의 합의금을 지불했다.

출시하기도 전에 별명이 붙었다. 『뉴욕타임스』 매거진은 1938년 10월 16일자에 독일의 국민차 개발을 소개했다. 국민차를 영어식 'The Volksauto'로 썼다.

"헨리 포드가 미국을 위해 한 것과 같은 일을 하기 위해 독일이 국민차 계획을 준비하고 있다(The Volksauto is designed to do the same thing for Germany as Henry Ford did for America)."

후반부에 기사는 이런 표현을 사용했다.

NAZI HOPES RIDE THE "VOLKSAUTO"

In the New "People's Car" Hitler Is Driving Along the Road of Economic Self-Sufficiency

◀ 1938년 독일이 국민차 개발에 나섰다는 『뉴욕타임스』 매거진 기사
The New York Times

"반짝이는 작은 딱정벌레 수천 마리가 고속도로를 뒤덮었다(motor highways with thousands and thousands of shiny little beetles)."

아우토반에서 시험주행하는 모습을 비틀(Beetle)로 묘사했다.

모두 비틀이라고 불렀다.
공식 모델명이 타입-1이라는 것을 아는 이도 부르는 이도 없었다.

전쟁이 끝나고 1950년 폭스바겐의 타입-1이 수입되자 미국 소비자들은 편하게 비틀로 불렀다. 딱딱한 이름 대신 미국 언론이 붙여준 별명을 그대로 사용했다.

비틀을 독일 본사에서도 출고명으로 인정한 것은 1967년이다. 이해에 타입-1과 비틀을 공식 모델명으로 병행해 썼다. 타입-1은 1998

▲ 퀴벨바겐은 타입-1의 엔진을 공유했다.

년 '뉴비틀'이 나오면서 공식 모델명에서 사라졌다. 디자인으로 엄밀히 따지면 무당벌레(Ladybug)에 가깝다. 첫 해외 수출은 1947년 네덜란드였다.

폭스바겐 공장은 다목적 군용차 '퀴벨바겐'의 생산기지로 쓰였다. 타입-1의 디자인을 바탕으로 했고 같은 엔진을 썼다. 개량모델 '타입-82'에는 1,131cc 엔진을 넣었다. 공랭식이다 보니 물이 귀한 사막에서 진가를 발휘했다. 지원 차량으로서 롬멜 장군의 연승을 도운 일등공신이었다.

그렇다면 독일 국민들은 국민차를 살 수 있었을까? 나치는 200장의 우표를 넣을 수 있는 카드를 주었다. 우표 한 장당 5라이히스마르크였다. 990라이히스마르크인 타입-1을 사려면 198장의 우표가 필요했다.

나치는 일주일에 1장씩을 장려했다. 일주일에 5라이히스마르크는

◀ 독일 국민들은 '마이 카'를 꿈꾸며 우표를 붙였다. '
우표를 모으세요' 독려 포스터
독일연방기록보관소

▶ 비틀 생산 1,500만 대 돌파를 기념하는 축하 행사

큰 부담이 되지 않았다. 4년간 우표를 모으면 내 차가 생겼다. 발표 직후 예약만 33만 대였다. 그런데 1년도 안 되어 전쟁이 터졌다. 저축했던 돈은 어디로 갔을까? 퀴벨바겐 제작에 모두 쓰였다. 우표에 담긴 소망은 산산조각났다.

전쟁이 끝나고 폭스바겐은 1946년부터 비틀을 본격 생산했다. 1972년 2월 17일, 1,500만 7,034대째를 생산했다. 당시 포드 모델T의 누적 판매량 기록을 넘긴 세계 최다 판매 모델이었다.

◀ 형형색색 치장한 비틀

비틀은 히피들의 상징이었다. 필요 없이 크기만 했던 미국 차에 비해 작고 경제적이었다. 사이키델릭한 도장을 하고 곳곳을 누볐다. 폭스바겐 경영진은 이것을 무척 싫어했다고 한다.

2019년 7월 멕시코 공장에서 마지막 '더 비틀'을 출고했다. 타입1-뉴 비틀-더 비틀, 3세대에 걸쳐 82년 동안 2,300만 대 이상 생산했다. 그해 12월 31일, 폭스바겐은 비틀을 떠나보내는 굿바이 영상을 남겼다.

아빠의 비틀로 운전을 배우고 결혼을 하고 노인이 되어 비틀을 떠나보내는 모습을 애니메이션으로 잔잔히 보여준다. 비틀스의 렛잇비(Let It Be)를 배경음악으로 썼다.

날달걀 깨뜨리지 마!

경쟁사들에 비해 자동차 진출이 늦었기 때문일까?
혁신을 향한 열정이 대단했다.
기발한 광고로도 단연 최고였다.

시트로엥(Citroën) CEO 삐에르 블랑제가 1936년 휴가를 떠났다. 중부의 시골 마을이었다. 농민들의 이동 수단은 뻔했다. 말과 수레였다. 시장이 열렸는데 짐마차들로 가득했다. 바라보던 블랑제의 머리에 사업 아이템이 떠올랐다. **"말 사육 비용 정도로 자동차를 몰 수 있다면 많이 팔리지 않을까?"**

블랑제는 엔지니어들에게 요구사항을 전달했다.

"감자 50kg을 싣고 시속 50km로 달릴 수 있을 것. 바구니에 담고 시골 도로를 60㎞ 속도로 달려도 달걀이 깨지지 않을 것. 모자를 쓴 채 타고내릴 수 있을 것. 중형 모델의 1/3 가격일 것. 유지비가 말 사육비를 크게 넘지 않을 것."

▲ 시트로엥은 농부들에게 편한 차를 구상했다.

조건만 맞추면 디자인은 상관없다고 덧붙였다.

1939년 5월 모자를 쓴 채 타고내릴 수 있게 전고가 높은 2CV 시제품 300대가 나왔다. 헤드라이트는 하나만 두었다. 비용 절감을 위해서였다. 가을 파리살롱에 발표할 예정이었다. 전쟁 때문에 발표를 일단 접었다.

이름은 두 마리 말, 되 슈보(Deux Chevaux)를 줄인 것이다. 2마력이라는 뜻이다. 당시 프랑스도 마력으로 자동차세를 매겼다. 2CV는 2마력치 세금만 냈다. 과세마력이 2마력이었던 2기통 375cc 2CV는 실제로는 8마력을 냈다.

시트로엥은 나치에게 협조하지 않았다. 나치가 쓰지 못하게 300대의 시제품들을 폐기하거나 숨겼다. 철저히 비협조적이었다.

시트로엥은 원래 기어를 납품하는 회사였다. 1919년 자동차 제작에 뛰어들면서 기어의 톱니 모양을 바탕삼아 엠블럼을 만들었다. V자 두 개를 겹쳐 뒤집은 **더블쉐브론**이다. 뒤집은 중사 계급장으로도 불린

▲ 1934년형 트락숑아방(Traction Avant)과
2022년형 C5 에어크로스 페이스리프트의 전면부 디자인

다. 톱니가 이 각도일 때 기어가 가장 조용히 작동했다고 한다.

피폐한 경제 상황을 감안하면 전쟁 이후 딱 필요한 차였다. 난리통에도 그대로 남겨진 2CV를 수소문했다. 300대 중 한 대가 있었다. 이를 참고로 제작해 1948년 파리살롱에 두 대를 출품했다. 헤드램프는 양쪽에 두었다. 창문도 조금 커졌다.

시트로엥은 포드의 대량생산 방식으로 1919년 '타입A'를 출시한 이

◀ 1950년형 2CV.
헤드라이트가 양쪽에
자리잡았다.

▶ 시트로엥은 포디즘을 도입해 타입A 출시 후 1년 만에 1만 대를 생산했다.

후 1년 만에 1만 대 생산을 돌파했다. 돈을 많이 벌어 재정적 여유가 있을 만도 했지만 항상 빠듯했다. CEO 앙드레 시트로엥은 연구와 마케팅에 돈을 아끼지 않았다.

1934년 라이벌 르노가 자존심을 긁었다. 최신식 공장을 짓고 앙드레를 초대해 자랑했다. 앙드레도 질세라 멀쩡하던 기존 공장을 허물고 새 공장을 석 달 만에 지었다. 앙드레의 개인 병원이라고 부를 정도로 시설이 좋았다. 그 대가는 컸다. 부도 위기에 내몰렸다.

자금 경색이 왔지만 시트로엥은 모노코크 전륜구동 '트락숑아방'이 잘 나갈 때였다. 이를 간파한 타이어 회사 미쉐린이 자금을 지원하고 파트너십 형태로 시트로엥을 인수했다. 미쉐린은 꾸준한 타이어 공급처를 확보할 수도 있었다. 2CV를 구상했던 블랑제는 '미쉐린 시트로엥'의 초대 CEO다.

앙드레는 이듬해인 1935년 사망했다. 공식 사망 원인은 위암이었다. 회사를 넘기고 새로운 것을 고안하지 못할 처지가 되자 화병(Hwa-byung)으로 죽었다는 말이 돌았다. 그 정도로 도전 의식이 강했다.

◀ 시트로엥의 기발한 광고들

기발한 광고를 많이 하는 브랜드로도 유명하다. 1922년 하늘에 시트로엥 알파벳을 새기는 에어쇼를 선보였다. 1925년 B12 지붕 위에 코끼리를 올리고 시내를 돌아다녔다. 유럽 최초로 차체 전체를 스틸(all steel bodied car)로 제작했기에 가능했다. 2000년 C5 왜건형을 출시하면서 당시의 코끼리 광고를 되살렸다.

1925년에는 에펠탑에 네온사인 광고를 했다. 전구 25만 개와 전선 90km를 들였다. 에펠탑에 광고한 첫 기업이자 당시 세계에서 가장 큰 옥외광고였다.

2CV에는 전기형과 후기형이 있지만 외관 디자인이 거의 바뀌지 않았다. 트럭형, 컨버터블형 등 파생 모델이 있었다. 1990년 단종할 때

◀ 1922년 사하라사막을 횡단하는 시트로엥

극지 탐험 마케팅도 했다. B2로 1922년 사하라사막을 20일 만에 횡단했다. 이듬해에는 알제리에서 남아공 케이프타운까지 아프리카를 종단했다. 1931년에는 레바논 베이루트에서 중국 베이징까지 아시아를 가로질렀다.

까지 510만 대 이상 생산했다.

2008년 2CV 탄생 60주년을 기념해 프랑스 명품 에르메스가 1989년형 2CV 6 모델을 특별 제작했다. 도어트림과 기어노브 등을 천연가죽으로 감쌌다. 시트와 트렁크 내부는 코튼 캔버스로 마감했다.

▶ 2008년 에르메스와 협업한 '2CV 에르메스'

▲ 1981년 개봉한 〈007 포 유어 아이즈 온리〉에서 인상적인 활약을 펼친 2CV
MGM

영화 **<007 포 유어 아이즈 온리**(For Your Eyes Only)**>**에서 본드걸 멜리나의 차량이다. 본드의 '로터스'가 박살나자 이 차로 함께 도주한다.

2CV는 농부용 국민차, 영화 속 추격 장면을 촬영하기에는 출력이 부족했다. 푸조의 4기통 신형 엔진을 빌려 넣어 촬영했다. **포 유어 아이즈 온리**는 1급 기밀, 극비문서를 말한다. **'너만 보아야 하는 것'**이다.

영화 '007 시리즈'에는 기발한 장치들을 탑재한
고성능 자동차들만 출연하는 것은 아니다.

영화가 인기를 얻자 시트로엥은 '007 에디션'을 내놨다. 500대 한정판인데 같은 외관의 디자인은 단 한 대도 없다고 시트로엥은 주장한다. 총알 구멍 자국을 표현한 스티커를 무작위로 아무 곳에나 붙였기 때문이라고 한다.

또한, 영화 속 2CV와 달리 노란색 차체에 검은색 후드를 채택했다. 에디션 발표회는 1981년 10월 파리 방돔 광장에서 열렸다. 제임스 본드 로저 무어(Roger Moore)와 본드걸 캐롤 부케(Carole Bouquet)가 참석했다.

부케는 1986년부터 1997년까지 12년간 샤넬의 향수 'No.5'의 모델이었다. 패션 디자이너 코코 샤넬은 1921년 여성의 향취가 담긴 여성의 향수를 원했다. 조향사 에르네스트 보에게 제품 개발을 의뢰했고 보는 연구 끝에 여러 종류의 시제품 향수를 내놓았다. 그 중 샤넬의 마음에 쏙 들었던 향수는 다섯 번째 시제품이었다. 이를 그대로 향수 이름으로 썼다.

▲ 본드걸 캐롤 부케는 샤넬 모델이었다.
샤넬

'산업건축의 백미'에서 생쥐가…

무솔리니는 포디즘을 싫어했다.
노동자를 기계로만 여기는 생산방식이라는 이유였다.
노동자들에게 인간적인 대우를 한다는 조건으로 새 공장을 허가했다.

조반니 바티스타 체이라노는 토리노의 자전거 제작자였다. 1898년 사명을 웰아이즈(Welleyes)에서 체이라노 GB&C(Ceirano GB&C)로 바꾸고 자동차로 진출했다.

1899년 3월 30일 첫 차 '웰아이즈'를 선보였다. 2기통 679cc 3.5마력 엔진이었다. 과세마력 3.5마력인 이 차는 실제로는 4.5마력이었다.

이탈리아에서 만들어진 첫 자동차의 반응은 좋았다. 하지만 체이라노는 깨달았다. 현재의 규모로는 주문에 제대로 대처할 수 없다는 것을. 때마침 사업가 조반니 아넬리가 자동차 회사 설립을 준비했다.

그해 7월 11일 토리노 브리케라시오 궁에 아넬리를 포함한 9명의 출자자들이 모였다. 체이라노도 이 자리에 참석해 공장과 특허까지 모든 것을 넘겼다. 토리노자동차공장(Fabbrica Italiana Automobili Torino),

◀ 1899년 피아트의 첫 차 '4HP'

▶ 1908년 티포2(15-25HP)

FIAT가 출범했다.

직원 35명으로 이탈리아 자동차산업의 시작을 알렸다. 피아트는 코르소 단테에 공장을 짓고 '웰아이즈'의 이름을 '4HP(마력)'로 바꿔 생산했다.

아넬리는 **"자동차는 누구나 탈 수 있어야 한다"**라고 생각했다. 국민차의 잠재성을 간파한 것이다. 1908년 출시한 티포 시리즈는 이를 위한 모델이었다. 그런데 불만이었다. 원하는 만큼 가격을 낮추기가 쉽지 않았다.

1923년 완공한 링고토 공장은 포디즘에 충실했다. 피아트 대량생산의 상징이었다. 당시 세계 최대 규모였다. 더 유명한 것이 있었다. 5층 건물 옥상을 길이 1.5km, 너비 80m의 주행트랙으로 꾸몄다. 근대건축의 거장 르 코르뷔지에는 **"산업건축의 백미"**라고 극찬했다.

59년이 지나 1982년 문을 닫았다. 설비가 낡고 효율성이 떨어졌다.

▲ 링고토 공장의 옥상층 주행트랙을 배경으로 선 르 코르뷔지에(왼쪽).
복합문화공간으로 변신한 현재의 링고토 공장 옥상층

이후 12년간 방치했는데 세계적인 건축가가 마법을 부렸다. 렌조 피아노는 내부에 호텔과 쇼핑몰, 공예학교 등을 갖춘 복합문화공간으로 탈바꿈시켰다.

옥상에는 미술관과 대형 회의장이 들어섰다. 레드불 오토바이 경주대회 등 옥상 트랙에서는 지금도 소규모 레이싱 대회가 열린다. 링고토 공장은 도시재생사업의 대표적인 사례로 꼽힌다.

아넬리는 1936년에야 누구나 탈 수 있는 차에 대한 꿈을 이뤘다. '친

▲ 500 토폴리노 전기형이 오드리 헵번의 영화 〈로마의 휴일〉에 나온다.
파라마운트 픽처스

퀘첸토 토폴리노'. 세계에서 가장 작은 양산차였다. 친퀘첸토는 '500', 토폴리노는 '생쥐'다.

피아트는 처음부터 배기량 500cc급으로 설계했다. 생쥐의 앞니를 닮은 그릴과 귀처럼 보이는 검은색 펜더. 딱 **미키마우스**였다.

500 토폴리노는 전기형과 후기형으로 나뉜다. 생쥐 모양의 전면부는 전기형까지 유지했다. 트럭, 왜건 등의 파생 모델이 있었다. 후기형은 그릴을 평범하게 디자인했다. 전기형과 후기형을 합해 1955년까지 20년간 50만 대 이상을 생산했다.

생산량이 늘자 피아트는 새로운 공장을 지으려고 했다. 미라피오리에 추진했지만 쉽지 않았다. 1936년 당시 총리 베니토 무솔리니의 반대에 부딪혔다. 우여곡절 끝에 1939년에야 완공할 수 있었다.

무솔리니는 포디즘이 노동자를 효율로만 평가한다고 여겼다. **"기계 옆에서 허겁지겁 밥을 먹고 또 일하는 것은 좋지 않다"**라고 말했다고 한다. 아녤리는 노동자들에게 인간적인 대우를 한다는 조건으로 미라피오리 공장을 지을 수 있었다.

◀ 미라피오리 공장

▲ 2세대 친퀘첸토는 1957년에 나왔다. 일본 애니메이션 주인공의 자동차로 등장한다.
스튜디오 지브리

1957년 토폴리노의 후속 모델 '누오바 500'을 미라피오리 공장에서 생산했다. 3m도 안 되는 몸집으로 479cc 2기통 가솔린 엔진이 16.5 마력을 냈다. 1975년까지 370만 대 이상을 생산했다.

미야자키 하야오의 애니메이션 **루팡 3세**의 자동차다. 두 대를 소유했던 미야자키는 누오바 500에 대한 애정이 각별했다. 아직도 전 세계에서 50만 대 이상의 누오바 500이 도로를 누비고 있다.

3세대 친퀘첸토는 1991년 출시했다. 하지만 계보에 올리지 않는 경우도 있다. 피아트는 **"누오바 500의 후계가 맞다"**라고 했지만 아무래도 디자인이 조금 뜬금 없다. 배기량도 704cc로 이름에 걸맞지 않았다.

▲ 1991년 3세대 친퀘첸토와 4세대로 준비했던 콘셉트카 루치올라

4세대로 준비한 콘셉트카 디자인 '루치올라'는 1992년 볼로냐 모터쇼에 출품했지만 양산하지 않았다. 차체를 디자인한 **이탈디자인**은 이를 한국의 자동차 회사에 팔았다. 1998년의 대우 마티즈다.

▲ 유벤투스 엠블럼. 2017년 이전(왼쪽)과 이후
유벤투스

피아트의 고장 토리노는 축구팬들에게 익숙할 수 있다. 이탈리아 프로축구 비안코네리, 유벤투스의 연고지다. 흰색(Bianco)과 검은색(Nero)이 교차하는 줄무늬 유니폼 때문에 **얼룩말**이라는 애칭을 갖고 있다.

유벤투스의 연고지이자 동계올림픽 개최지인 토리노는 유럽의 주요 자동차 생산지이기도 하다. 피아트 외에 페라리, 알파 로메오, 란치아, 이베코 등의 본사와 공장이 있다.

2017년까지 엠블럼 가운데 있었던 동물은 소다. 토리노라는 도시가 타우리니(Taurini · 소의 사람들)에서 유래한 덕분이다. 엠블럼을 방패 모양의 글자로 바꾸면서 소를 없애는 바람에 한동안 시민들의 원성을 샀다.

1897년 토리노에서 창단한 유벤투스를 아넬리가(家)가 1923년 인수했다. 아들 에두아르도 아넬리가 대대적으로 투자했다. 이듬해부터 5연패(連霸)했다. 지난해까지 증손자 안드레아 아넬리가 회장이었지만

▲ 1897~1898 시즌을 앞두고 찍은 팀 사진. 젊은 것을 넘어 앳되어 보인다.
유벤투스

구단의 분식회계 문제가 터져 사임했다.

유벤투스는 '젊은이들'이라는 뜻이다. 팀명은 어떻게 나왔을까? 고등학생 3명이 벤치에 앉아 나눈 축구 얘기가 창단으로 이어졌다. 초대

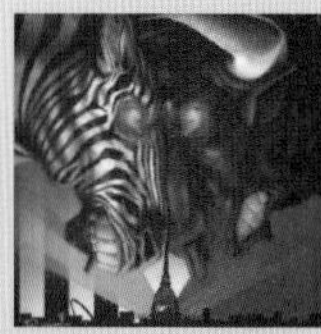

▲ 토리노 FC와의 지역 라이벌전 이름은 몰레 안토넬리아나에서 유래했다.
토리노 FC

유벤투스와 토리노 FC의 지역 라이벌전은 데르비 델라 몰레(Derby Della Mole)로 불린다. '몰레를 둔 혈투'다. 초대형 유대교 회당 몰레 안토넬리아나는 2006 토리노 동계올림픽 로고에 사용한 도시의 랜드마크다. 1863년 공사를 시작했지만 건축가 안토넬리가 사망한 이듬해인 1889년에야 완공했다. 현재는 이탈리아 국립영화 박물관으로 활용 중이다.

구단주 에우제니오 칸파리도 고등학생이었다. 정말 젊은 클럽이었다.

소를 여전히 엠블럼에 사용하는 토리노 FC도 있다. 1905년 알프레드 닉이 유벤투스 구단의 운영에 반기를 들고 나와 창단했다.

500은 2007년 소형차 붐을 타고 현대적인 디자인을 새로 입었다. 2020년에는 전기차를 선보였다. '뉴 피아트 500'이다.

앞뒤가 똑같아 보이는 차량도 개발했는데 초소형 전기차다. '토폴리노'라는 이름을 되살렸다. 토폴리노는 시트로엥·오펠과 디자인·섀시를 공유한다.

▶ 2020년에는 전기차 '뉴 피아트 500'을 출시했다.

◀ 2007년 재탄생한 500

▶ 시트로엥·오펠과 디자인을 공유하는 전기차에 '토폴리노' 이름을 붙였다.

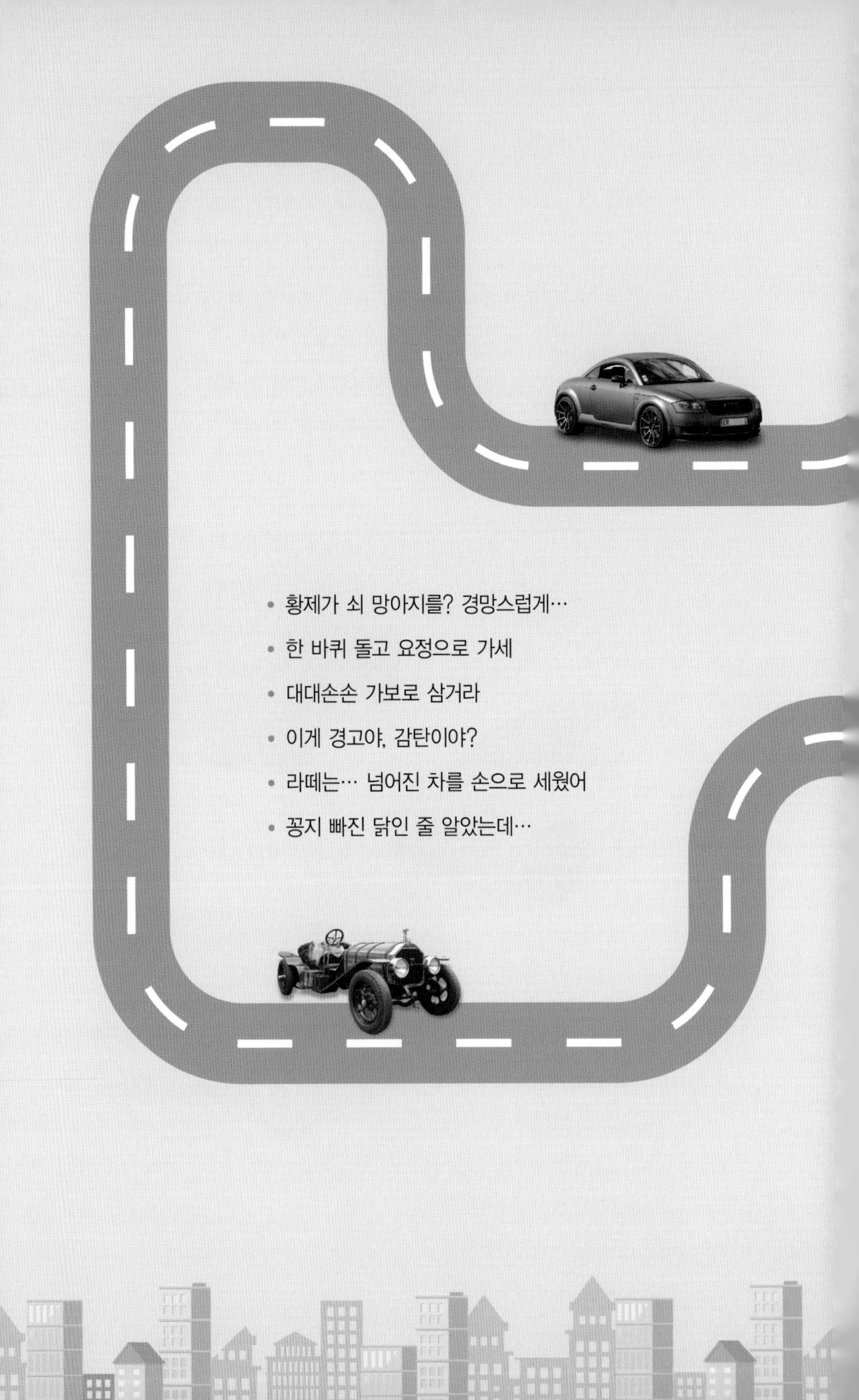
• 황제가 쇠 망아지를? 경망스럽게…
• 한 바퀴 돌고 요정으로 가세
• 대대손손 가보로 삼거라
• 이게 경고야, 감탄이야?
• 라떼는… 넘어진 차를 손으로 세웠어
• 꽁지 빠진 닭인 줄 알았는데…

조랑말 신화의 뿌리

1968年式 新型 新進 大型
宣傳用車
공업주식회사

황제가 쇠 망아지를? 경망스럽게…

소문으로만 떠돌던 쇠 망아지를 직접 본 순간,
혼비백산했다.
세상에 뭐 이런 괴물이 다 있지?

1902년 12월, 대한제국 탁지부(재무) 대신 이용익이 고종에게 보고했다. **"어극(즉위) 40년 칭경(축하)기념식에 쓸 자동차 한 대를 구입하겠습니다."**

고종이 행사장으로 이동할 때 이 신문물을 쓸 계획이었다. 고종은 음력 1863년 12월 13일 즉위해 1903년이 즉위 40주년이었다.

이용익은 황제의 허락을 받자 미국 공사관으로 달려갔다. 호러스 알렌 공사에게 부탁했다. **"황제의 차가 필요하오."**

호러스 알렌은 1884년 9월 장로교 의료선교사로 입국했다. 3개월 후인 12월 갑신정변이 일어났다. 이때 자객의 공격을 받은 민영익이 중태에 빠졌는데 알렌이 외과수술로 치료했다.

이 사건으로 고종은 서양식 국립병원을 설립하자는 알렌의 건의를

HORACE N. ALLEN
THE FIRST AMERICAN IN KOREA

▲ 당시 미국 전권공사 알렌 부부(왼쪽). 미국 현지에 알렌을 소개하는 신문 기사
콜로라도스프링스 텔레그래프

받아들여 1885년 서울 재동에 제중원을 설치했다. 알렌은 1887년 귀국할 때까지 초대 제중원장이었다.

1889년 선교사로 재입국한 알렌은 1890년부터 외교관으로 활동했다. 미국 공사관 서기관이었다. 이후 전권공사를 역임했다. 미국 콜로라도스프링스 텔레그래프는 1904년 알렌을 현지에 소개하면서 1884년 민영익을 치료하는 삽화를 실었다.

주문하고 제작하고 또 뱃길로 받다 보니 시간이 많이 걸렸다. 1903년 4월 캐딜락 모델A가 도착했다. 포드인지 캐딜락인지 차종에 대한 논란이 있었다. 대한제국은 차종 관련 기록을 전혀 남기지 않았다. 1904년 러·일 전쟁 난리통에 어차(御車)가 사라져버린 탓도 있다.

◀ 고종 황제 어극 40년 칭경기념식에 쓰기 위해 들여온 한반도 최초의 자동차

사실관계만 정리하면 캐딜락은 1902년 8월, 포드는 1903년 6월 설립했다. 생산을 위한 기술력과 관계없이 없었던 회사(포드)가 주문을 받을 수는 없는 노릇이다.

그렇다면 칭경기념식이 열리고 고종이 어차에 올라 행차했을까? 1903년 4월 30일로 날을 잡았다. 자동차도 도착했겠다 날씨만 화창하면 나무랄 데가 없었다. 그런데 하필 그때 영친왕이 천연두를 앓아 연기했다.

7월 이후에는 러·일간 긴장이 높아져 기념식을 열 분위기가 아니었다. 1902년 9월 2일 미리 세웠던 기념비로 아쉬움을 달랬다. 서울 세종대로 사거리 교보문고 옆에 비석이 서 있다.

영친왕 이은(英親王 李垠)은 고종의 7남으로 순종의 이복동생이다. 순종은 1907년 영친왕을 황태자(皇太子)로 책봉했다. 순종의 동생이니 황태제(皇太弟)가 되어야 했지만 태황제로 일선에서 물러난 고종은 '황태자'에 대한 의지가 워낙 강했다. 대한제국의 마지막 황태자다.

한반도에 상륙한 첫 차이자 고종의 1호 어차와 관련된 기록은

▲ 1910년 발행한 고종 어극 40년 칭경기념비전(高宗御極四十年稱慶紀念碑殿) 엽서
우정사업본부

많지 않다. 덕수궁에 바퀴를 내디딘 캐딜락 모델A 옆에는 미국인 운전기사가 있었다. 국내에는 운전할 수 있는 사람이 없었으니까. 이제 고종이 타기만 하면 되는데 수구파 대신들이 다른 행사에서도 자동차 행차에 반대했다. 장엄하지 않고 경망스럽게 보인다는 이유였다.

가끔 왕자들을 태우고 궁궐 내에서만 한 바퀴씩 돌았다. **"궐내에 귀신소리를 내며 돌아다니는 쇠 망아지가 있다"**라는 소문이 퍼졌다. 한반도의 첫 자동차는 신기한 구경거리 취급을 받았다. 미국인 운전기사는 운전법을 가르쳐주고는 귀국해버렸다.

▲ 소문으로만 듣던 자동차는 '쇠로 만든 괴물' 그 자체였다.
『더 그래픽(*The Graphic*)』

덕수궁 경내용은 어차피 볼 수 없었다. 다른 쇠 망아지를 대한제국 국민들이 **직관**할 기회가 왔다. 프랑스 공사가 부임하면서 개인 자동차를 들여왔다. 태어나 처음 본 자동차는 괴물이었다.

런던의 화보지 『더 그래픽(*The Graphic*)』은 1909년 2월 20일자에 그림을 실었다. 『대한매일신보』의 알프레드 맨험이 1908년 당시 촬영한 사진을 익살스럽게 그린 것이다. 제목은 '코리아의 수도에 처음 출현한 자동차의 시위'였다.

"자동차를 처음 보고 혼비백산했다. 사방으로 흩어지고 짐도 내팽개친 채 숨었다. '쇠 괴물'로부터 자신을 보호해달라고 기도하기도 했다. 소와 말도 놀라 고삐를 뿌리치고 길가 상점이나 가정집으로 뛰어들었다."

엔진소리는 귀신의 곡소리 같았다. 뒷꽁무니에서는 연기가 뿜어져 나왔다. 밀거나 끌지도 않는데 혼자서 굴러갔다. 충격과 공포였다. 평범한 시민들의 혼을 빼놓은 이 자동차는 이탈리아산 '란치아'로 추정한다.

1911년 여름, 인천항을 통해 2대의 자동차가 들어왔다. 영국제 '다임러 리무진', 다른 하나는 영국제 '위슬리'였다. 다임러는 고종, 위슬리는 조선총독 데라우치 마사다케를 위한 것이었다. 총독 것만 들여오면 민심이 안 좋을 것으로 판단한 일본이 황실에도 선물했다.

운전하고 정비할 일본인 두 명을 고용했다. 영국에서 온 기사는 그들에게 속성으로 가르치고 떠났다. 차량은 모두 남아 있지 않다.

다임러는 1926년 벤츠와 합병한 독일의 다임러(DMG)가 아니다. 다

▲ 1911년 고종의 어차(御車) '다임러 리무진'(왼쪽)과 데라우치 총독의 '위슬리'
국립고궁박물관

▲ 1914년 순종의 다임러 리무진(왼쪽)과 1918년 캐딜락 타입57
국립고궁박물관

임러로부터 가솔린 엔진과 상표를 사들여 1896년 같은 이름으로 설립한 영국의 다임러(Daimler Motor Company)다. 군주들이 탈 만한 리무진 제작에 일가견이 있었다.

일본은 순종에게도 1914년 다임러 1대를 선물했다. 순종보다 순정효황후가 더 자주 이용했다. 1918년 캐딜락 '타입57'을 추가로 선물했다. 두 어차는 등록문화재 318호와 319호다. 복원해 국립고궁박물관에 전시 중이다.

황실과 조선총독이 먼저 소유하자 보급이 늘기 시작했다. 물론 갑부들이었다. 엄청나게 비쌌다.

일본을 등에 업은 이완용의 권세는 역시 대단했다. 그의 아들까지도 …

포드의 모델T가 주를 이뤘다. 한 대에 4,000원 정도였다. 쌀 한 가마니가 4원 안팎, 군수 월급이 50원이던 시절이다. 1918년 순종의 캐딜락은 1만 원이었다. 운전할 사람도 있어야 했다. 친일 갑부 아니면

▲ 이완용이 소유했던 뷰익(왼쪽)과 의암 손병희 선생의 캐딜락

엄두를 내지 못했다.

이완용, 박영효, 윤덕영 등이 자동차를 구입했다. 이완용은 포드와 뷰익을 탔다. 아들 이항구는 최초의 대인사고 가해자였다. 1913년 술을 마시고 이완용의 포드를 몰고 기생과 놀러 나가다가 7살 아이를 치었다. 다리가 부러졌는데 권세 덕분에 조용히 넘어갔다. 의친왕 이강(義親王 李堈)은 오버랜드, 민족주의자 손병희는 캐딜락을 소유했다.

한 바퀴 돌고 요정으로 가세

귀했던 그 시절 웬만한 부자들도 가질 엄두를 못냈다.
아무나 탈 수도 없었다.
버스든 택시든 엄청나게 비쌌다.

한일병탄조약 이듬해인 1911년. 진주에서 마산까지는 마차로 12시간이 넘게 걸렸다. 일본인 에가와(繪川)가 생각했다. **"자동차를 수입해 영업하면 어떨까?"**

▲ 1912년 9월 마산~진주 구간에서 '에가와 승합'이 영업을 시작했다. 『매일신보』

생각난 김에 12월 29일 경상남도 경무부에서 영업허가부터 받았다. 허가일 기준으로 우리나라 최초의 자동차 영업허가다. 노선은 마산~진주, 진주~삼천포였다. 8개월 후 일본 오사카 포드에서 8인승 1대를 들여왔다.

1908년형 모델T 오픈형이었다. 1912년 9월 17일 시운전을 끝내고 사흘 후 영업에 돌입했다.

『매일신보』의 기사다.

> "에가와의 자동차 영업은 당분간 1대를 격일로 마산 혹은 진주에서 발차하고 운전시간은 5시간으로 하여 진주~마산간 요금은 3원 80전, 마산~군북(함안)간은 2원, 군북~진주간은 2원 2전이요. 특등석은 3할씩 증액하되 2개월 내에는 필히 차를 증차하여 매일 운행한다더라."

70km 구간을 4시간 반이나 5시간에 주파했다. 8인승이지만 승객은 10명까지 탔다. 낮에는 지붕 없이 달렸다. 밤에는 천막지붕을 치고 가스등을 달았다.

특등석은 조수석 자리였다. 앞유리 덕분에 그나마 먼지를 덜 뒤집어썼다. 도로 주변 마을 사람들이 길가에 나와 구경했다. 에가와 승합은 1913년에는 부산~삼랑진~마산 노선도 허가받았다.

진주에서 마산까지는 쌀 한 가마니 요금이었다. 부자들과 돈 잘 버는

▲ 1913년 부산~삼랑진~마산 노선 밀양강의 배다리를 건너는 에가와 승합
『매일신보』

일본인 사업가가 아니면 이용하기 어려웠다. 가격 탓에 이용자가 줄면서 회사도 점점 여유가 없어졌다. 에가와가 직접 운전하기도 했다.

자동차 보급이 점점 늘었고 크고 작은 사고가 끊이지 않았다. 사고 원인은 다양했지만 대부분 운전미숙과 기계 고장이었다. 에가와 승합도 마찬가지였다.

◇동십자각다리알에떠러진자동차

昨朝東十字橋下에 又復自働車墜落

◇원인은견습운뎐파긔계고장

折脚傷骨의 兩名重傷

注目되는煙金一告訴

殺兄한惡弟 懲役七年에求刑

안해와싸호다가말리는형을 그자리서때려죽인악한동생

▲ 1919년 다리 아래로 추락한 자동차 사고 기사 『매일신보』

1917년 6월 마산으로 가던 길에 함안에서 전복사고가 났다. 일본 해군 중장 일행과 기생 배봉악이 타고 있었다. 다른 사람들은 부상을 입었지만 배봉악은 목이 부러져 즉사했다. 이 사건으로 에가와는 치료를 받은 후 처벌을 받았다. 진주대관(1940년)에 따르면 **"에가와는 옥창에서 신음하는 신세가 되었다."**

한 달 전인 8월에 대구~경주~포항 승합버스가 생겼다. 일본인 오츠카 긴지로가 영업을 시작했다. 평균 시속 24km로 9시간이 걸렸다. 영업허가가 아닌 영업일 기준으로는 에가와 승합보다 한 달가량 빠르다. 부정기 노선이었다.

부자들을 겨냥한 유람용 택시가 등장했다. 1913년 3월, 이봉래가 일본인 곤도, 오리이와 회사를 차렸다. 20만 원을 공동 출자했다. 포드 모델T 2대를 구입해 영업을 시작했다. 1시간 단위로 임대했다. 우

▲ 1910년대 후반 오리이자동차상회로 추정되는 사진

리나라 최초의 택시다.

시간당 5원, 시내를 한 바퀴 도는 유람은 3원이었다. 대절자동차(가시키리 구루마)로 불리며 장안의 돈을 쓸어 담았다. 갑부나 권세가들은 요정 가는 길에 유람을 겸했다. 이듬해에는 전국 9개 승합노선을 허가받았다. 경성~장호원, 경성~춘천 등의 노선이 이때 시작했다.

승합노선 증편 사실을 광고하기도 했다. 『매일신보』에는 이런 광고가 실렸다.

> "경향(京鄕)의 여러분들로부터 높은 평가를 받아 매번 만원을 이룬 이 구간(경성~춘천)을 위해 미국에서 자동차 한 대를 특별히 추가 주문하여 매일 출발한다."

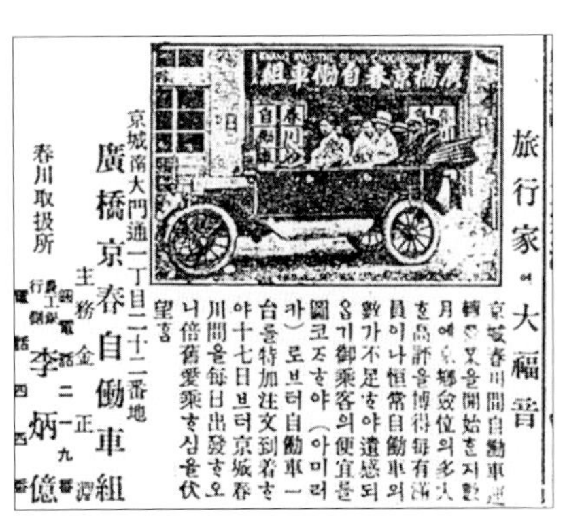

▲ 1916년 6월 경성~춘천 승합노선 증편 광고
『매일신보』

광고주는 광교경춘자동차조(組)다. 경성~춘천 철도는 1939년이다. 당시 서울과 춘천을 오가는 방법은 자동차 외에는 없었다.

우리나라의 첫 면허학원은 '돈도 받고 운전도 배우고'였다.

오리이자동차상회는 사업을 확장했다. 포드 10대를 주문하고 운전자를 모집했는데 운전할 줄 아는 사람이 없었다. 당시 일본 전국에서도 운전할 줄 아는 사람은 20명 남짓에 불과했다.

갈월동에 경성운전수양성소를 세우고 직접 가르치기로 했다. 그런데 지원자조차 없었다. 사람을 죽이는 무서운 쇠 귀신이라는 소문이 퍼진 탓이다.

혜택을 광고했다. **"입학금 전액 무료, 교육기간 월급 지급, 성적 우수자 곧바로 취직"** 겨우 10명을 채웠다. 그것도 9명은 일본인이었다. 한국인 1명은 공동출자자 이봉래의 아들 이용문이었다. 운전수는 정비도 해야 했다. 일본에서 포드의 정비교사를 초빙해 배웠다.

제임스 모리스는 1897년 경인선, 1899년 서대문~청량리 노선의 전차 기술자였다. 사후관리를 위해 국내에 남았다. 가만히 보니 자동차 수요가 늘고 있었다. 1915년 서울 정동고개에 자동차 판매점을 차렸다. 모리스는 통역을 잘하던 이명원을 지배인으로 고용했다. 닷지, 오버랜드, 커닝햄 등을 미국에서 수입해 팔았다.

이듬해 샌프란시스코의 정비사인 친구 하워드를 불러들였다. 모리스 상회 옆에 정비소를 차렸다. **"자동차 병을 잘 고치는 서양 명의가 생겼다"**라는 소문이 돌았다.

조선인이 경영한 정비공장 1호는 1922년 경성서비스공업사다. 이후

◀ 서울 정동에 있었던 모리스의 자동차 판매점과 하워드의 정비공장

▶ 서울 북아현동에 있었던 정비공장 아도서비스

명륜동과 광화문 등에 정비업체들이 속속 들어섰다. 1940년 북아현동에 있던 아도서비스(Art Service)를 25세 청년이 3,500원에 인수했다. 아도는 아트의 일본식 발음이다. 자동차라는 길에 들어선 이 청년의 이름, 정주영이다.

1913년 유학파 민대식이 자동차 영업에 뛰어들었다. 구한 말 최고 권력을 누린 친일파 민영휘의 둘째 아들이다. 권력은 대단했다. 일본인이 아니면 받기 힘든 허가를 조선인 단독으로 얻었다.

차종은 포드 모델T 승합형이었다. 부자들은 자동차 타는 멋을 부리

▲ 민대식이 경성~충주 구간에 운행했던 포드 모델T 승합형 차량

려고 돈을 썼다. 일주일 전에 예약해야 할 정도였다. 당시 신문은 손님을 '자동차 임금'으로 표현했다.

> "자동차 임금은 10리(3.93km)에 30전씩을 내야 됨에도 불구하고 차대의 수가 부족한 까닭에 자동차를 타려면 적어도 일주일 전부터 차표를 사두고 예약을 하여야 한다는 것이다."

대대손손 가보로 삼거라

자동차가 늘어나자 고민거리가 생겼다.
사고가 자주 일어났다. '도로의 규칙'이 필요했다.
다음은? 운전 실력을 검증해야 했다.

칼 벤츠는 1886년 페이턴트 모터바겐을 몰고 종종 거리로 나갔다. 이웃들은 싫어했다. 엔진 소리가 시끄러웠기 때문이다. 때때로 지나가는 마차의 말을 놀라게 해 마부를 힘들게 하기도 했다.

"주민들이 항의하지 못하게 할 방법은 없을까?" 벤츠는 정부의 허가증을 보여주면 될 것이라고 생각했다. 바덴 대공국 정부에 운행허가서를 요청했고 1888년 받아냈다. 세계에서 가장 많은 자격증인 운전면허증의 시초라고 할 수 있다.

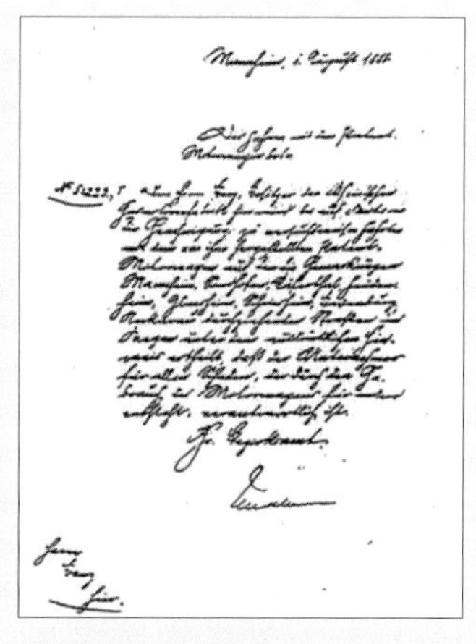

▲ 칼 벤츠가 바덴 대공국 정부로부터 받은 운행허가증

▲ 1895년 파리-보르도-파리 경주대회에 참가한 에밀 르바소와 아내 루이 사라진 르바소

프랑스 파리 경찰은 도로에 자동차가 늘어나며 사고가 잦자 대책을 세웠다. **출발, 정지, 곡선주행** 등 기본적인 것을 해내는지 평가하기로 했다. 이 정도로도 사고가 꽤 많이 줄었다. 현대적 개념의 시험이라고 할 수는 없지만 1893년 치러진 시험에 에밀 르바소가 합격했다. 세계 최초 면허시험의 첫 합격자다.

에밀 르바소는 1887년 르네 파나르와 함께 파나르 르바소(Panhard et Levassor)를 설립했다. 파나르 르바소는 1890년 독일 다임러의 엔진을 들여와 자동차를 생산하다가 이듬해 '파나르 시스템'을 정립했다. 뒤쪽에 배치했던 엔진을 앞으로 옮기고 수냉식 라디에이터로 냉각하는 세로배치 엔진 구동계다. 좌석 사이에 클러치 페달과 기어박스를 두는 현대식 변속기도 처음 만들었다.

1903년에는 세계 최대 자동차 회사였다. 종업원 1,500여 명이 연간 1,000대 이상을 생산했다. 제1차 세계대전 이후 내리막길을 걸었다. 1967년 시트로엥이 인수했다.

영국은 1904년 운행허가증을 의무화했다. 차량을 등록하면 번호판과 운행허가증을 주었다. 별도의 시험은 없었다. 현대식 운전면허 시험은 1910년 독일에서 시작되었다. 교통사고로 골머리를 앓던 다른 나라들이 속속 참고했다.

대한민국 운전면허 1호는 경성운전수양성소를 수료한 한국인 이용

◀ 우리나라 1호 운전자 이용문
한국자동차문화연구소

문이다. 별도의 면허증은 없었다. 공인할 기관이 없었다. 수료증이 운전면허증을 대신했다.

1915년 전국에 80대, 서울에 50대의 자동차가 있었다. 운전 실력은 들쑥날쑥했다. 기물 파손과 충돌, 전복사고에 대인사고까지 심심찮게 일어났다. 도로 위에 어느 정도의 규칙이 필요했다. 1915년 7월 조선총독부는 '자동차취체규칙'을 발표했다. 29개 조, 61개 항이었다. 최초의 도로교통법이다.

大正四年七月二十二日　朝鮮總督府警務總長　立花小一郎
第一條　自働車（自働自轉車ヲ除ク以下同シ）營業ヲ爲サムトスル者ハ左ノ各號ノ事項ヲ具シ營
業地ヲ管轄スル警務部長ニ願出テ許可ヲ受クヘシ第二號乃至第六號又ハ第
八號ノ事項ヲ變更セムトスルトキ亦同シ
一　出願者ノ本籍、住所、氏名、生年月
二　主タル營業所其ノ他ノ營業所ノ位置
三　營業線路又ハ營業區域並發著所、停留所、發著時刻又ハ運轉時限
四　使用車輛ノ構造ノ概要、動力ノ種類並乘用車ニ在リテハ乘客定員、貨
物車ニ在リテハ積載定量
五　使用車輛ノ數
六　乘客、積載貨物ノ賃金額又ハ賃貸料額
七　一年間ノ損益見込計算
八　營業開始ノ時期
前項第一號ノ事項ニ變更アリタルトキハ警務部長ニ屆出ツヘシ
前二項ノ願書又ハ屆書ハ營業地カ二以上ノ道ニ跨ルトキハ其ノ主タル營業
所所在地ヲ管轄スル警務部長ニ差出スヘシ
營業者營業ノ許可ヲ受ケタル日ヨリ六月内ニ營業ヲ開始セス又ハ休業六月
以上ニ亘ルトキハ許可ハ其ノ效力ヲ失フ但シ特別ノ事由ニ依リ警務部長ノ
許可ヲ受ケタル場合ハ此ノ限ニ在ラス

자동차취체규칙(1915년)

※ 경찰에서 발급하는 도 단위 번호판을 달아야 한다.
※ 시험에 합격해 운전면허증을 받아야 한다.
※ 시내는 시속 13km, 시외는 시속 19km 이내여야 한다.
※ 우마차나 사람에게 경음기를 사용하지 않아야 한다.
※ 만취한 자나 전염병자, 걸인을 태우지 말아야 한다.
※ 차 안에서 고성방가를 하지 말아야 한다.
※ 차량 앞부분과 뒷부분에 차량 번호를 표시하여야 한다.

▲ 1933년 이○○씨의 운전면허증. 차량 소유주가 아니라 운전수였을 것으로 추정된다.

운전면허증 취득시험은 1916년 등장했다. 학력 제한이 있었다. 소학교(초등학교) 이상이었다. 학과와 실기시험을 치렀다. 학과시험은 여러 장치의 이름과 기능을 숙지하는 것이었다. 실기시험은 전진과 후진, S와 T 코스, 타이어 교환, 냉각수 주입 등이었다. 두 과목 모두 100점 만점에 75점 이상이면 합격이었다.

1915년 당시 기사다.

"재물파손과 인명을 살상하는 불상사가 연일 발생해 이를 방지하고자 (중략) 합격한 자만 운전할 수 있도록 조치한다니 금후 자동차 운전수 되기도 심히 어렵게 될 지경이더라."

합격은 집안의 경사였다. 면허증을 가보로 삼았다. 할 줄 아는 사람이 극히 드물던 시절 운전은 고수입을 보장했다. 1920년 운전수는 한 달에 100원 정도를 벌었다. 귀했던 대졸자 월급이 40원 정도였다.

1919년 경성자동차강습소가 황금정 3정목(을지로3가)에 문을 열었는데 수강생들이 몰려들었다. 132원이나 되는 학원비를 기꺼이 투자했다.

◀ 1920년 경성자동차강습소 신문 광고. 윗부분에 자격과 학원비 등을 소개하고 있다. 『동아일보』

"경성자동차강습소는 시설도 좋고 조선인 강사도 있어 입학을 원하는 학생들을 다 수용하지 못할 정도였다 (『동아일보』 1920년 4월 24일 자)."

"1920년 6월 치러진 경기도청 운전면허 시험에는 시험관이 1명뿐인데 응시자는 76명이나 몰렸다 (『매일신보』 1920년 6월 23일 자)."

여성의 사회 진출이 극히 제한적이던 시절, 여성 운전기사는 당시 신문 표현처럼 '여자계의 신기록'이었다. 1919년 전주 출신 최인선과 원산 출신 문수산이 주인공들이다.

1920년 9월 평양자동차상회는 3호 여성 운전기사 이경화를 채용했다. 신문은 이를 머리기사로 다뤘다. 이경화도 미혼, 사장이었던 이종하도 미혼이었다. 두 사람은 1년 반이 지나 결혼했다. 이경화는 첫 아

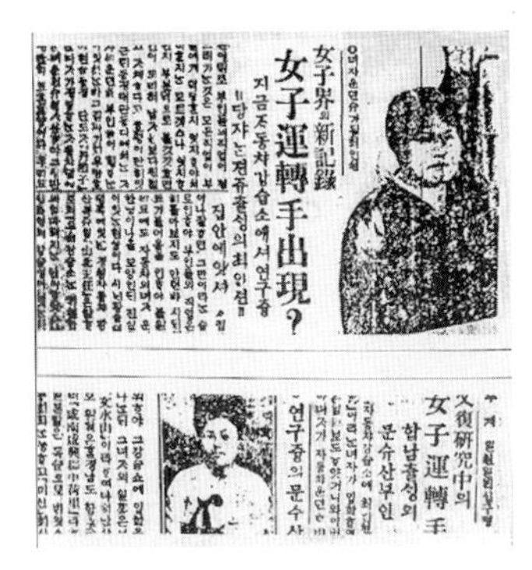

女子界의 新記錄

女子運轉手出現?

지금조동차강습소에서연구중

당자는전쥬출성의최인션

又復研究中의

女子運轉手

함남츌싱의

문슈산부인

▲ 여성 운전면허 1~3호인 최인선·문수산·이경화를 소개한 기사
『매일신보』, 『동아일보』

이를 출산할 때까지 운전을 계속했다고 한다.

1940년까지 한반도에는 4,000여 대의 자동차가 있었다. 하지만 일제는 자동차와 운전기사 대부분을 태평양전쟁에 징발했다. 해방 직후 서울에는 버스 10여 대, 전차 100여 대, 택시 40여 대만 남아 있었다.

이게 경고야, 감탄이야?

'시발'은 대량생산 시스템을 갖추고
현대적인 디자인을 입은 경쟁사 모델에
뒤처질 수밖에 없었다.

"각하, 해방 10주년 기념 산업박람회에 우리 손으로 처음 만든 자동차가 전시되어 대단한 화제를 모으고 있습니다."

"그런가? 누가 만들었는가?"

산업기반조차 없는데 자동차라니. 1955년 10월 박람회 대통령상은 **따 놓은 당상**이었다. 이름은 시발(始發). 욕 아니다. 자동차 생산의 시작이라는 의미였다. 상표는 한글 'ㅅㅣ-ㅂㅏㄹ'

▲ 시발자동차

로 표기했다.

원래 서울시장상이었는데 시발의 조회성 전무와 대통령 의전차 운전기사가 막역한 사이여서 대통령상을 수상했다는 얘기가 돌았다. 다 차치하고 대한민국 생산 1호 자동차와 대통령상이 어색한가?

1937년 최 씨 삼형제가 정비공장을 차렸다. 무성·혜성·순성씨였다. 해방 후 남한에는 미군이 주둔했다. 우리 정부가 수립된 후 미군은 사용하던 차량을 불하하고 떠났다. '윌리스 MB'와 'GMC 트럭'이었다. 삼형제는 '국제차량제작'을 설립해 차량을 재활용하는 재생차 사업에 진출했다.

6·25 전쟁 후, 모든 게 태부족이었지만 드럼통은 많았다. 전쟁은 기름 소모전이기도 했다. 삼형제는 재생차 노하우를 살려 자동차를 만들기로 마음먹었다. 드럼통을 차체에 일부 활용했다. 필요한 부분은 두드려 폈다.

자동차 제작을 위해 일본에서 공부하고 돌아온 엔진 도사 김영삼을

▲ 1호차를 비롯해 개발 초기에는 맨땅에서 작업했다. 망치질이 많았다.
한국자동차문화연구소

끌어들였다. 김영삼은 미군이 두고 간 윌리스 MB 엔진을 **리버싱**했다. 동일한 성능을 얻기 위해 내부 부품을 모두 뜯어내 하나하나 분석했다.

여전히 쓸 만한 부품은 모아 재조립했다. 망가진 부품은 거푸집 주조 방식으로 똑같이 만들었다.

수제작이어서 한 대 생산하는 데 넉 달이 걸렸다. 사무실과 공장은 을지로2가에 있었다. 미군이 버린 버스가 사무실이었다. 공장은 비를 피하면 그만이었다. 천막을 쳤다.

복제가 순정과 같을 수는 없었다. 『포니를 만든 별난 한국인들』의 저자 강명한은 대학 시절 시발의 엔진 블록을 만들었던 삼성공업사에서 실습했다.

제작에 일조한 뿌듯함에 시발택시 기사에게 엔진이 어떤지 묻곤 했다. 기사들은 **"두어 달이 지나면 (엔진에) 힘이 빠진다"**라고 불평했다고 한다.

박람회 출품 전 1955년 8월의 출시가는 8만 환이었다. 보릿고개 시

▲ 라디에이터 그릴을 가로형으로 바꾼 것 말고는 윌리스 MB 복제품이나 마찬가지였다.
국가기록원

무단복제 사실을 알게 된 본사에서 찾아왔다. 윌리스를 인수한 카이저프레이저의 엔지니어는 입국해 제작 과정을 보고 깜짝 놀랐다. 경고하는 말 속에 경이로움이 묻어나왔다. "당신들! 정말 대단하군요. 하지만 이런 짓은 당장 그만둬야 합니다." 그렇다고 복제를 문제 삼은 적은 없다.

◀ 1958년 행운추첨대회가 열렸다. 당첨자가 시발자동차 앞에서 포즈를 취하고 있다.
국가기록원

▶ 파생형 모델인 시발 세단
국가기록원

절 쌀 90가마니를 살 수 있는 돈이었다. 수상 이후 택시회사들이 관심을 가지면서 폭등했다. 30만 환이어도 구할 수가 없었다. 대량생산을 할 수 없으니 어쩔 수 없었다.

부유층의 주문도 쇄도했다. 한 대 가격은 90만 환까지 올랐다. 선금으로 받은 계약금만 1억 환이 넘었다. 공장을 확장했다.

전조등과 타이어, 차체까지 하나씩 국산화했다. 1956년 엔진 일부도 자체 제작하는 데 성공했다. 1958년 차체와 엔진의 국산화율이 56%라는 자료를 정부에 냈다.

1957년 세단형 9인승을 제작했다. 픽업트럭은 시발자동차의 부품 운반용으로 2대를 생산했다. 1961년에는 디젤 버스도 출시했다. 당시 오재경 공보부 장관이 시승했다.

라디오 광고를 했다. 로고송을 흥얼거리다가 아이들이 어른들에게 혼나기도 했다. 욕하지 말라고.

"시발, 시발, 우리의 시~발 자동차를 타고 삼천리를 달리자~
시발, 시발, 우리의 시~발 자동차를 타고 종로 거리를 달리자~"

1937년 2월, 일제는 부평에 공장을 지었다. 인천 북항이 가까웠다. 중·일전쟁을 작심하고 군용차량 생산기지를 만든 것이다. 이름은 조선국산자동차(朝鮮國產自動車)로 포장했다.

일제는 패망했지만 시설은 남았다. 자연스럽게 국영기업이 되었지만 생산할 여건이 되지 않았다. 인력도 자본도 없었다. 방치되다가 1954년 조용히 청산했다.

8년간 방치되었던 이 공장을 새나라자동차가 1962년 인수했다. 재일교포 박노정이 닛산 블루버드를 부품 상태로 들여와 조립했다. 출고

▲ 닛산 블루버드를 라이선스 생산한 새나라는 출시 직후부터 시발자동차를 압도했다.
국가기록원

명은 '새나라'였다. 새나라 양장 미인이라는 별칭으로 불리며 선풍적인 인기를 끌었다.

컨베이어벨트 시스템을 활용해 디자인과 성능 외에 공급량에서도 압도했다. 시발은 주문이 없어지며 1963년 5월 문을 닫았다. 망치로 두드려 펴 2,235대를 생산하고 역사 속으로 사라졌다.

새나라는 1962년 11월 생산을 시작해 이듬해 5월까지 7개월도 안 되는 기간에 2,700여 대를 생산했다. 그러다가 박노정이 갑자기 국내 재산을 모두 정리하고 일본으로 돌아가 잠적했다. **먹튀**였는데 행방을 끝내 찾지 못했다.

시발의 필리핀 버전, 지프니(Jeepney)는 여전히 현역으로 활약하고 있다. 관광지 기념품 가게에서 모형을 팔고 있을 정도로 필리핀의 명물이다.

마닐라의 지프니 업체들은 지금은 지프를 개조하지 않고 지프니 전용으로 생산되는 차종을 사용한다. 현대 마이티를 기반으로 한 'HD50S', '이스즈', '히노' 등이다.

◀ 지프니는 시발의 필리핀 버전이다.

▲ 미군의 윌리스 MB(왼쪽)와 1980년 교체한 HMMWV(험비)

디자인은 지프니를 계승한다. 버스처럼 앞 유리창의 행선지 표지판을 보고 타지만 따로 정류장은 없고 그냥 길 가다가 잡아 탄다. 지프니는 Jeep와 Pony의 합성어로 처음에는 윌리스 MB를 개조한 버스였다. 여러 대를 운영하는 업체도 있지만 개인도 운영한다.

제2차 세계대전 초기 미군은 다목적 전술차량을 원했다. 3가지 모델이 요구를 충족시켰다. 윌리스-오버랜드의 MA, 아메리칸 반탐의 BRC, 포드의 GP. 각각 납품받다가 1941년 장점을 합친 통합 모델 윌리스 MB를 개발했다.

기동성이 뛰어났지만 무게중심이 너무 높아 전복사고가 잦았다. 1980년 레이건 정부에서 '험비'로 교체했다.

포드에서 만든 GP는 포드의 원래 지프형 차량과 구분하기 위해 'GPW(GP+Willys)'로 불렸다. 지프는 이 GP를 부르다가 고유명사처럼 되었다는 설이 유력하다. 우리는 대개 앞 악센트를 강하게 했다. **찦차**다.

라떼는… 넘어진 차를 손으로 세웠어

1960~1980년대가 배경인 영화에서
시대 분위기를 살리는 것은
'그때 그 차'다.

강원도 산골 청년 정주영은 1934년 상경해 서울 신당동의 쌀가게 복흥상회에 배달 점원으로 취직했다. 모은 돈으로 주인에게서 1938년 가게를 매입해 경일상회로 간판을 바꿔 달았다. 1940년 일제가 쌀의 자유 판매를 금지하고 배급제를 실시하는 바람에 문을 닫아야 했다.

얼마 후 서울 아현동의 정비공장 아도서비스를 인수했는데 그만 불이 났다. 종업원이 손 씻을 물을 데우려고 불을 피우다가 시너에 불똥이 튀었다. 정주영이 인수한 지 25일 만이었다. 신설동 공터로 옮겼다.

1941년 말 일제가 기업정비령을 내리면서 아도서비스도 영업을 계속할 수 없었다. 정주영은 정리한 자금으로 트럭을 사 석탄 배달을 했다. 해방 후 적산대지(敵産垈地)를 불하받아 현대자동차공업사를 설립

▲ 1947년 현대자동차공업사 1주년을 맞아 촬영한 직원들의 기념사진

했다.

현대(Hyundai)로 사명을 정한 것은 **자동차는 현대 문명의 이기라**는 생각에서였다고 한다. 대부분 미군 병기창에서 하청을 받았다.

자동차는 극소수 부유층만 갖고 있었다. 아쉬울 게 없는 계층이다. 고장났을 때 원하는 건? 돈은 상관없었다. 정주영은 '제대로 빨리' 고치고 수리비를 아주 비싸게 받았다. 3배 이상 비쌌다. 출고까지 사흘을 넘기지 않으려고 했다. 돈을 많이 벌었다.

그런데 가만히 보니 미군정의 자금은 건설 쪽으로 몰리고 있었다. 필요한 것을 새로 지어야 하는 재건의 시기였다. 이를 간파한 정주영은 이름부터 등록했다. 현대토건이다. **"건설업자들이 미군 자금을 긁어가는 것을 보고 우리 역량으로도 할 수 있다고 생각해 간판부터 올렸다."** 1950년에는 건설에 더 집중하기 위해 현대자동차공업사와 합병해 현대건설을 출범시켰다.

1955년 김제원·창원 형제가 신진공업사를 설립했다. 주로 미군 차량을 수리했다. 이때 불하받은 GMC 트럭을 재생버스로 활용해 재미

▲ 신진의 'H-SJ 마이크로버스'는 '노랑차'로 통했다.
국가기록원

를 봤다.

그러다가 버스를 만들어보기로 작정하고 1960년 부산 전포동에 공장을 지었다. 출시한 H-SJ 마이크로버스가 히트를 쳤다. 25인승이었는데 대부분 노란색으로 출고해 '노랑차'라는 애칭이 붙었다.

신진은 1963년 세단 '신성호'를 출시했지만 조악한 품질에 가격이 비싸 판매가 부진했다. 그런 와중에 박노정의 먹튀로 주인을 잃은 새나라자동차의 부평공장을 1965년 인수했다.

노랑차, 코로나, 크라운, 신진디젤…. 하지만 몰락은 한순간이었다.

토요타와 손잡고 이 공장에서 '코로나'와 '크라운'을 CKD(Complete Knock Down · 반조립 현지생산) 방식으로 생산했다. 소형차 코로나는 단번에 승용차 시장을 지배했다.

▲ 신진은 1967년 코로나 누적 생산 5,000대와 크라운 1호 생산, 창립 7주년을 동시에 축하했다.
국가기록원

신진은 버스에서 1970년대 초반까지 넘사벽이었다. 1968년 출시한 대형 버스 '신진디젤'도 시장을 접수했다. 세단은 코로나와 크라운, 버스는 노랑차에 이은 신진디젤이었다. 국내 최고의 자동차그룹이었다.

그런데 안 좋은 일들이 연이어 터졌다. 1969년 적자투성이인 한국기계공업을 인수한 것이 패착이었다. 자금 압박을 계속 받았다. 여기에 토요타가 중국 시장에 진출하겠다며 합작선을 끊어버렸다. **코로나 없는 신진은 앙꼬 없는 찐빵**이었다.

1972년 급히 50대 50으로 GM코리아를 설립하고 '시보레 1700'(당시 광고 표기) 등을 생산했지만 호전되지 않았다. 1976년 한국기계공업과 함께 산업은행의 법정관리에 들어갔다.

산업은행은 법정관리와 동시에 GM코리아의 사명을 새한자동차로 변경했다. 이때 생산한 모델이 '제미니'다. 1978년 산업은행이 갖고 있던 새한자동차 지분을 인수한 대우가 제미니를 바탕으로 '맵시'를 만들었다.

1983년 1월 대우그룹은 GM에게서 경영권을 완전히 넘겨받아 대우

◀ 새한 제미니

▶ 대우 맵시-나

자동차로 이름을 바꾸고 맵시의 페이스리프트 '맵시-나'를 출시했다. 1984년 프로야구 한국시리즈에서 역전 3점 홈런으로 MVP가 된 롯데 자이언츠의 유두열이 부상으로 받았다.

1983년 1월 GM에게서 경영권을 완전히 넘겨받았던 대우자동차는 19년 만인 2002년에 다시 GM에게 넘겼다.

일본에서 자전거 기술을 배우고 온 김철호가 1944년 경성정공을 설립했다. 1952년 전쟁 수도였던 부산에서 우리나라 생산 1호 자전거 '3000리호'를 출시하며 기아산업으로 개명했다. **아시아**(亞)**에서 최고로 일어서겠다**(起)는 의지의 표현이었다.

훗날 미국 자동차 시장 진출 초기, 사명 때문에 애를 먹었다. 미국에서 KIA는 작전 중 사망(Killed In Action)을 뜻하기 때문이다.

물론 '키아'와 '케이아이에이'로 달리 발음하지만 미국인들에게 거부감을 주기엔 충분했다. 싼 맛에 타다가 죽을 수도 있는 차로 인식될 수 있었다. 시장에 안정적으로 정착한 현재는 이런 거부감 없이 '키아'로 제대로 발음한다.

▲ 1957년 경기 시흥 공장의 작업 모습. 자전거용 파이프를 국산화한 공장이었다.

▶ 1967년 T-2000 신문 광고

1961년 혼다와 오토바이를, 이듬해 마쓰다와 손잡고 'K-360'을 생산했다. 기아의 첫 자동차는 356cc짜리 삼륜차였다. 부품을 들여올 때 자동차가 아닌 오토바이로 수입했다. **삼발이**로도 불렸던 이 삼륜차를 1974년까지 7,742대 생산했다.

연탄 배달에 많이 쓰였다. 내리막길이나 곡선차로에서 여차하면 넘어졌다. 도로 위에서 차를 일으켜 세우는 모습을 심심찮게 볼 수 있었다. 처음에는 고속도로를 달릴 수 있었지만 고속 주행 때 전복 위험이 커지자 통행을 금지했다.

삼륜차는 트라이시클, 트라이크, 스리 휠러 등으로 불린다. 앞바퀴가 하나인 델타(delta)형과 뒷바퀴가 하나인 올챙이(tadpole)형으로 나뉜다. 퀴뇨의 삼륜차와 벤츠의 페이턴트 모터바겐, 최초의 자동차는 모두 델타형이다.

기아가 바퀴 네 개짜리 화물차를 출시한 것은 1970년이다. 복사와 타이탄이다. 복사(Boxer)는 독일산 개의 품종에서 이름을 따왔다.

1974년 승용차 시장에 뛰어들었다. 마쓰다 파밀리아를 들여와 스페

▲ 1974년 브리사는 단숨에 승용차 시장 1위에 올랐다. 영화 〈택시운전사〉의 차량이다.

인어로 산들바람인 '브리사'를 모델명으로 삼았다. 영화 <택시운전사>에서 주인공의 택시다.

1975년 오토바이는 기아기연, 1979년 자전거는 삼천리자공으로 독립시켰다. 이들은 1998년 현대자동차가 인수할 때까지 범기아그룹이었다. 삼천리자공 직원들이 기아 차를 살 때 할인 혜택을 똑같이 받았다.

신군부는 1981년 '자동차공업통합조치'를 내놨다. 기아는 승용차를 생산할 수 없게 되자 마쓰다의 소형 트럭을 들여오기로 결정했다. 그런데 이게 초대박이 났다.

▲ 마쓰다의 '봉고'를 그대로 들여왔다. 소형 트럭도 승합차도 초대박이 터졌다.

▲ 현대가 1968년부터 생산한 유럽 포드의 2세대 코티나

트럭에 이어 출시한 승합형은 '봉고' 신화로 이어졌다. 봉고코치, 봉고나인 등이 망해가던 기아를 살렸다. 마쓰다도 봉고로 완전히 일어섰다. 이런 형태의 원박스카는 이때부터 모두 '봉고차'였다.

1967년 12월 현대건설이 자동차에 뛰어들었다. 다른 업체와 마찬가지로 CKD 생산에서 시작했다. 추후 독자 모델을 내겠다는 목표를 세웠지만 무턱대고 '맨땅에 헤딩'할 수는 없었다.

모델은 유럽포드의 2세대 코티나였다. 당시 영국 내 판매대수 2위였던 중형차다. 기술이전을 염두에 둔 합작법인 설립 협상과는 별개였다.

1968년 10월 울산 공장에서 본격 생산에 들어갔다. 기대가 컸던 만큼 실망도 컸다. 코로나에 비해 고장이 잦았다. '미는 차', '고치나', '코피나', '골치나'로 불렸다. 부산사업소 앞에 택시 100대가 몰려와 환불을 요구하는 경적 시위를 벌이기도 했다.

유럽포드는 3세대 코티나를 1970년 10월 공개했다. 당시 세계적으로 유행하던 코카콜라 보틀라인을 외관에 적용했다. 현대는 '뉴코티나'라는 이름을 붙여 판매했다.

▲ 현대는 울산 공장에서 1971년 11월부터 뉴코티나를 생산했다.

1971년 11월 발표회장에서 당시 26세의 탤런트 선우용녀가 모델로 활동했다. 뉴코티나의 부품 국산화율은 41%였다. 78마력으로 최고 속도 160km/h를 냈다.

품질 논란은 더 이상 나오지 않았다. 하지만 포드와 벌여온 합작법인 협상은 완전히 무산되었다. 포드는 기술을 이전해 줄 생각이 없었다. 독자 모델에 대한 정주영의 의지가 확고해졌다.

꽁지 빠진 닭인 줄 알았는데…

하나씩하나씩 단계를 밟았다.

독자 모델 다음은 엔진, 변속기, 플랫폼…

'독자 개발'이었다.

현대에서 독자 모델 얘기가 나오자 안팎에서 회의론이 나왔다. **"코티나 조립 생산도 버거운데 독자 모델이라니", "막대한 돈이 들 텐데 실패하면 바로 문 닫을 각오를 해야 한다", "한국의 인프라와 산업 수준으로 볼 때 무모하다…."**

1973년 국내 전체 자동차 판매 대수는 승용차, 버스, 트럭을 다 합쳐 1만 8,000여 대. 현대의 판매 대수는 4,000여 대였다. 회의론이 나올 만했다. 독자 모델은 사운을 걸어야 했다. 실패는 파산을 의미했다. 반대는 당연했다. 무모한 도전이 되기 십상이었다.

미쓰비시는 1965년 국내 시장 진출을 타진했다. 신진자동차와 기술제휴를 시도했지만 막판에 무산되었다. 이후 계속 한국 시장의 문을 두드렸다.

▲ 1973년형 랜서. 플랫폼과 엔진 등을 포니와 공유한 미쓰비시의 대표 소형 모델이다.

1973년 현대를 파트너 삼아 진출했다. 현대가 독자 모델을 추진하기 위해 선택한 미쓰비시는 이후 기술 스승 역할을 했다. 1970~1990년대 현대의 엔진과 변속기, 플랫폼 등은 대부분 미쓰비시산(産)이었다.

현대는 미쓰비시로부터 후륜구동 플랫폼과 엔진 등을 이전받으면서 독자 모델의 차체 디자인을 이탈리아의 설계 전문회사 이탈디자인(Italdesign)에 맡겼다. 조르제토 주지아로가 팀을 이끌었다.

1973년 9월 주지아로가 서울로 왔다. 손에는 3가지 렌더링 이미지

◀ 이탈디자인 조르제토 주지아로가 추천한 디자인

▲ 1974년 토리노 모터쇼에 등장한 '포니'와 양산 모습

가 들려 있었다. 패스트백과 해치백을 버무린 스타일의 1안을 강력 추천했다. 한국에는 생소한 디자인이었다. 최고 전문가의 추천이니 받아들였다. 그런데 정주영은 **"꽁지 빠진 닭 모양"**이라며 싫어했다.

1974년 토리노에 꽁지 빠진 닭의 실물이 등장했다. 대한민국 자동차 산업의 실질적인 시작을 알린 첫 독자 모델 '포니(Pony)'다. 차명은 소형 승용차를 부상으로 내건 공모전을 통해 선정했다. 6만 건 가까이 응모했는데 '아리랑', '도라지', '무궁화' 등이 많았다. 포니는 100건 정도였다. 앞만 보고 달려가자는 의미에서 최종 선택했다.

1976년 1월 25일자 신문들은 포니 계약 광고를 실었다. 배기량 1,238cc, 80마력짜리 포니 한 대 가격은 228만 9,200원. 당시 서울 반포 아파트 22평형이 680만~730만 원이었다. 비싼 가격에도 인기 폭발이었다.

▲ 포니 계약을 알리는 신문 광고

독자 모델과 독자 개발은 다르다. 포니는 후륜구동 플랫폼과 엔진 등을 미쓰비시에서 들여왔다. 1994년 전륜구동 플랫폼에 자체 생산한 엔진과 변속기를 장착한 엑센트가 독자 개발 1호다.

그해 1만 726대가 팔렸다. 승용차 판매 점유율은 43.5%였다. 이후 나온 픽업과 왜건형도 히트를 쳤다.

엔진 국산화의 시작은 1983년이다. GM에 근무하던 이현순 박사를 영입했다. 정주영은 변속기 개발까지 포함한 '알파(α) 프로젝트'를 맡기면서 전폭적으로 지원했다.

알파엔진은 영국 업체 리카르도와 함께 개발했다. 엔진 시험과 세부 설정 작업은 현대 마북연구소에서 했다. 1991년형 스쿠프에 처음 알파엔진과 변속기를 얹었다.

아시안게임과 올림픽을 앞두고 의전용 고급차가 필요했다. 현대가

◀ 미쓰비시와의 협력은 대형차에서도 이어졌다. 그랜저와 데보네어다.

라이선스 생산했던 유럽포드의 '그라나다'는 끝물이었다. 미쓰비시가 개발을 주도하고 현대가 비용을 대기로 했다. '2세대 데보네어'의 쌍둥이차, 1세대 그랜저 '각 그랜저'다.

두 모델의 차이점이라면 이후의 운명이다. 그랜저는 1986년 이후 세대를 바꿔가며 한국을 대표하는 승용차 자리를 지킨 반면, 데보네어는 경쟁 차종이었던 토요타 크라운 등에게 계속 밀렸다.

현대는 원조 회장님 차였던 그랜저 후속에서 방향을 선회해 더 윗급의 대형 세단으로 '에쿠스'를 기획했다. 해외 기함급 세단들과 경쟁할 모델이 필요하다는 판단이었다. 앞서 1997년 출시한 쌍용 체어맨과 기아 엔터프라이즈를 의식한 측면도 있다. 에쿠스는 1999년 이후 국내 최고급 세단의 자리를 지키다가 제네시스 G90에게 바통을 넘겼다.

미쓰비시의 '프라우디아'는 일본에서는 판매 부진, 미국에서는 리콜 은폐 문제가 터지면서 2001년 단종했다. 이후 11년 만인 2012년 준대형으로 급을 낮춰 부활했지만 그래도 안 팔려 2016년 11월 생산을 접었다.

▲ '각쿠스'로도 불렸던 1세대 에쿠스와 미쓰비시 프라우디아. 어느 쪽이 에쿠스일까?

▲ 포니는 처음부터 수출까지 염두에 둔 모델이었다. 1982년 기념 엽서

1세대 에쿠스는 현대와 미쓰비시의 마지막 공유 모델이다. 현대가 2008년 2세대 에쿠스를 독자 개발하면서 두 회사의 협력 관계는 완전히 끝났다.

포니가 처음 해외에 선보인 것은 1976년 2월 중순이다. 국내 첫 고객 인도(1976년 2월 29일)보다 빠르다. 사우디아라비아에 진출한 계열사 현대건설에 15대를 먼저 보냈다.

공식 수출은 1976년 7월 에콰도르였다. 6대를 선적했다. 에콰도르 수출분 중 1대는 20년이 지나 국내로 다시 돌아왔다. 현지에서 택시로 150만km를 주행했다고 한다.

1977년에는 7,427대를 30개 나라에, 1978년에는 1만 8,317대를 40개 나라에 수출했다. 1982년 7월 포니는 단일 차종으로는 국내 최초로 누적 생산 30만 대를 돌파하고 10만 대를 수출했다.

최초의 국산 쿠페는 현대 스쿠프가 아니다. 1974년 토리노에서 선보인 포니 쿠페 콘셉트다. 전체적인 실루엣은 지금 봐도 크게 뒤떨어지지 않는다. 실내는 앞뒤 각각 2인승 시트로 구성했다.

◀ 대한민국 최초의 쿠페 '포니 쿠페 콘셉트'

▶ 2023년 5월 복원한 모습

자동차 모델의 성패는 출시 전후 사회경제적 영향을 받는다.

포니 쿠페는 구미(歐美)를 노린 전략 차종이었다. 양산형 디자인까지 내놨지만 백지화했다. 수요가 많지 않을 거라는 조사도 있었지만 시기적으로도 적절하지 않았다. 양산 계획 직전에 터진 1979년의 오일쇼크는 전 세계 자동차 시장을 얼어붙게 했다. 연료 절감형 소형차가 아니면 살아남기 힘들었다.

49년이 지나 포니 쿠페를 손자가 복원했다. 원작 디자이너 조르제토 주지아로와 아들 파브리치오 주지아로가 참여했다.

포니 쿠페 디자인, 어디선가 봤다. 1985년 영화 **<백투더퓨처**(Back to the Future)>의 타임머신 '들로리언'이다. GM의 엔지니어였던 존 들로리언은 1975년 DMC(DeLorean Motor Company)를 설립했다. 그리

▲ 영화 '백투더퓨처'는 1985년 전 세계 영화 흥행 1위였다.
유니버설 픽처스

고 첫 차의 디자인을 주지아로에게 요청했다. 토리노 모터쇼에서 본 포니 쿠페 디자인에 꽂혔기 때문이다.

들로리언은 첫 번째 시험모델을 1976년 10월에 발표했다. DMC는 포니 쿠페가 디자인 원조인 'DMC-12'를 1981년부터 2년간 북아일랜드 던머리(Dunmurry) 공장에서 제작했다.

이듬해인 1982년 말 파산할 때까지 보닛의 형태나 휠 디자인 등을 바꿔가며 8,975대를 생산했다. 현재도 6,500여 대의 들로리언이 운행 중인 것으로 알려지고 있다. 영화 덕을 보지는 못했다. DMC는 개봉 3년 전 파산했다.

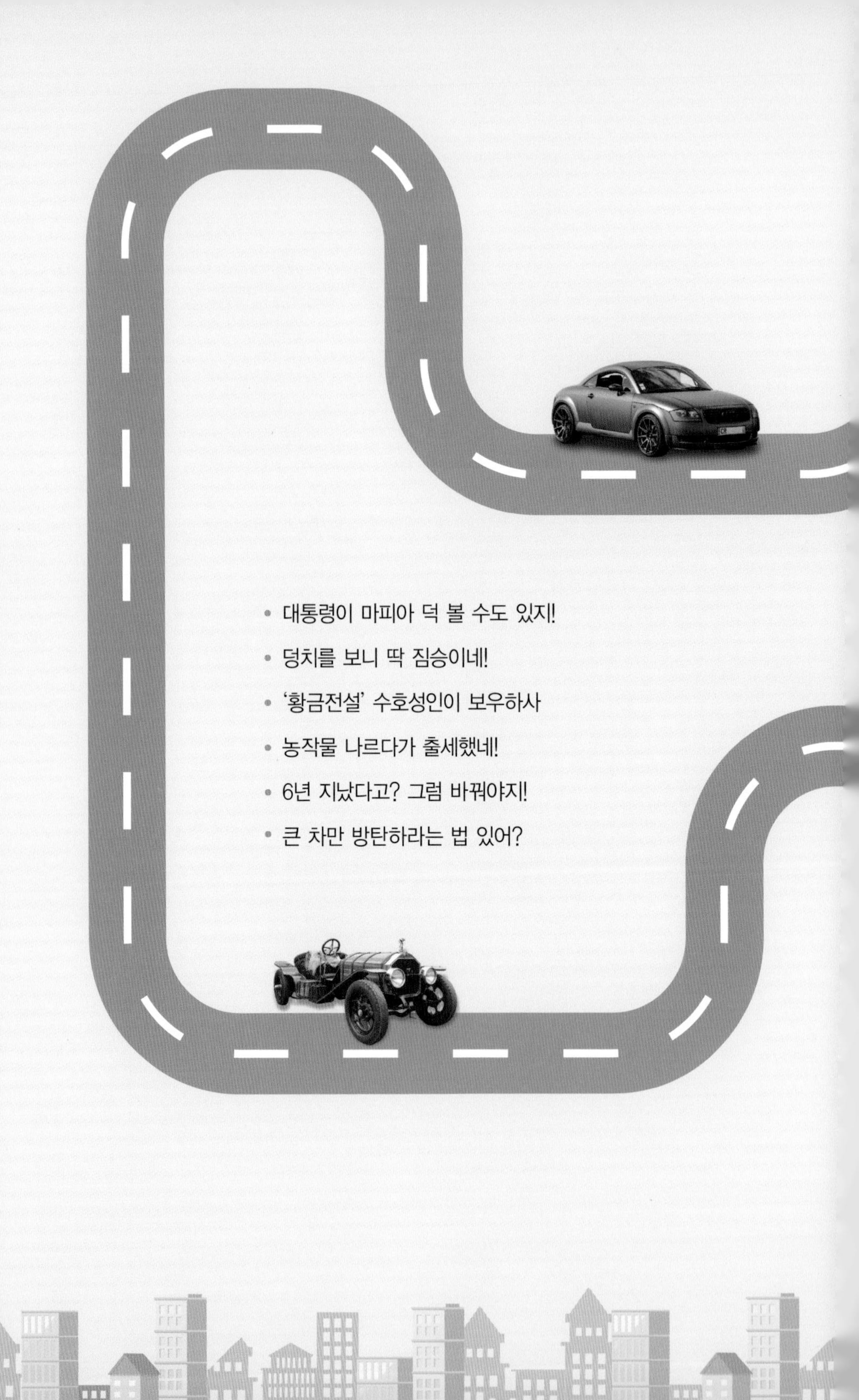
• 대통령이 마피아 덕 볼 수도 있지!
• 덩치를 보니 딱 짐승이네!
• '황금전설' 수호성인이 보우하사
• 농작물 나르다가 출세했네!
• 6년 지났다고? 그럼 바꿔야지!
• 큰 차만 방탄하라는 법 있어?

첨단 방호 다 모여라!

대통령이 마피아 덕 볼 수도 있지!

케네디 대통령(JFK) 암살사건 이후 오픈형은 의전차로
사용하지 않는다. 오픈형은 원거리 저격에
무방비라는 사실을 확인했기 때문이다.

1941년 12월 7일 아침. 일본이 하와이 진주만(Pearl Harbor)을 기습공격했다. 미 해군 2,000여 명과 민간인 400명 등 2,400여 명이 숨졌고 1,200여 명이 다쳤다.

이전까지 전 세계가 난리여도 미국은 전쟁에 끼어들지 않았다. 국익에 도움이 되지 않으면 개입하지 않는다는 고립주의를 고수했다.

프랭클린 D. 루스벨트 대통령(FDR)은 이튿날 상·하원에 대일 선전포고 승인을 요청했다.

"이날(7일)은 치욕의 날로 기억될 것입니다. 이 계획적인 침공을 극복하기까지 얼마나 긴 시간이 걸릴지는 모르지만 미국은 정의로운 힘을 통해 궁극적인 승리를 거둘 것입니다."

상원은 만장일치로 선전포고안을 가결했다. 연설을 전해 들은 영국의 처칠 총리는 **"이제 이겼다"**라고 말했다.

하원에서는 388대 1로 반대표가 한 표 나왔다. 공화당의 지넷 랭킨 의원은 쏟아진 비난에 이렇게 말했다. **"국가나 사회가 하나의 현안을 두고 하나의 의견으로만 획일화되는 것은 위험한 결과를 낳는다."**

참전은 대통령 경호를 맡은 재무부 소속 비밀경호국(SS · Secret Service)에 고민거리를 던졌다. 당시 대통령의 차량 '선샤인 스페셜'에는 보호 기능이 없었다. 차체도 유리도 별도의 방탄 작업을 하지 않았다. 무장한 경호원이 올라탈 수 있는 사이드스텝 정도가 고작이었다. 전시(戰時)인데 암살 시도 등 외부 공격에 무방비였다.

▲ 1941년 12월 8일 백악관을 나서는 루스벨트. 제대로 된 방탄차가 아니었다.
미국 국립문서기록보관청

금주법 시대, 대도시 뒷골목은 총질이 일상이었다. 마피아 두목 알

◀ 알 카포네의 방탄차. 1928년형 8기통 캐딜락을 개조했다.

카포네는 항상 방탄조끼를 입었고 방탄차를 탔다. 그랬던 그가 1931년 재무부 수사관 엘리엇 네스에게 걸렸다. 탈세 혐의였다. 재무부는 탈세 추징을 위해 방탄차를 압류했고 카포네가 구속되자 창고에 처박아두었다.

10년이 지나 진주만이 카포네의 방탄차를 불러냈다. 선샤인 스페셜에 장갑무장을 하는 동안 루스벨트가 썼다. 전 주인을 알게 된 루스벨트는 이렇게 말했다고 한다. **"카포네씨도 이해해주겠지."**

카포네는 주 정부와 주 경찰을 협박과 회유로 관리했다. 연방정부와 연방수사국(FBI)은 관할권에 가로막혀 손을 댈 수 없었다. 국세청(IRS)만큼은 관할권에서 자유로웠고 결국 탈세로 기소할 수 있었다.

카포네를 잡아들인 엘리엇 네스는 언터처블(The Untouchables)로 불렸다. 네스와 수사팀을 공갈·협박하고 뇌물로 매수하려고 했지만 통하지 않아 언론이 붙여준 별명이다.

루스벨트의 의전차는 링컨의 'K시리즈 오픈형 리무진'이었다. 지붕을 여닫을 수 있는 12기통 4도어 컨버터블이었다. 휠베이스가

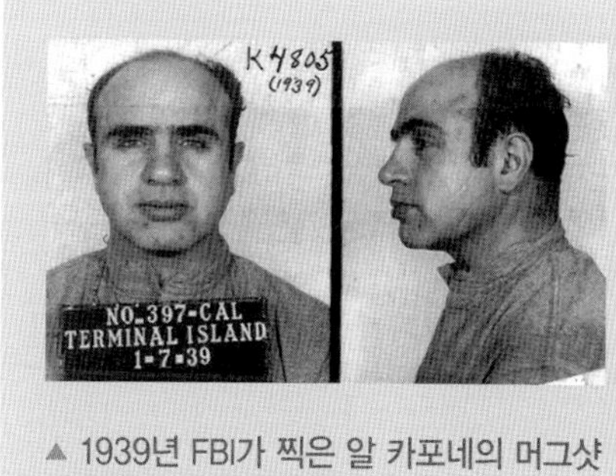

▲ 1939년 FBI가 찍은 알 카포네의 머그샷
미국 국립문서기록보관청

교도소 투옥 직전, 당시에는 치료가 불가능했던 성병인 매독에 걸렸다. 7년 반 동안 수감생활을 하고 출소했다. 카포네는 명목상으로 죽을 때까지 시카고 아웃핏의 두목이었다. 1947년 1월 25일 플로리다의 집에서 48세에 사망했다.

▲ 선샤인 스페셜에 탄 루스벨트와 부인 엘레노어(왼쪽). 비밀경호국은 1942년 선샤인 스페셜 외에 링컨 제퍼(Lincoln-Zephyr)를 기반으로 한 방탄차도 도입했다.

4,100mm에 달할 정도로 차체가 길었다.

주로 지붕을 열고 다녀 선샤인 스페셜로 불렸다. 다리가 불편했던 루스벨트는 퍼레이드 도중 다가온 시민들과 앉은 채 악수할 수 있었다.

장갑무장을 입히자 더 스페셜해졌다. 코치빌더 브룬앤컴퍼니(Brunn & Company)가 작업을 맡았다. 유리두께는 1인치(2.54cm), 장갑도어에 방탄 타이어를 장착했다. 기관총 보관함도 있었다.

'선샤인 스페셜'이 미국 대통령 의전차인 '더 비스트(The Beast)'의 원조다.

이런 장치들로 인해 차체가 1.8m 길어지고 중량은 4,218kg까지 늘어났다. 차량값보다 많은 4,950달러가 방탄에 들었다.

자동차를 탄 최초의 대통령은 윌리엄 맥킨리다. 1901년 7월 13일 스탠리 형제의 요청으로 증기차를 잠깐 탔다. 시승만 했을 뿐 여전히 백악관은 의전마차를 이용했다. 후임 대통령 시어도어 루스벨트도 마찬가지였다.

▲ 백악관 자동차 시대를 연 태프트의 증기차(왼쪽·뒷좌석 맨 오른쪽이 태프트). 윌슨의 피어스-애로우

비밀경호국은 1907년 화이트(White Motor Company)의 증기차를 구입했다. 의전마차를 뒤따라가며 경호하기 위해서였다.

의전차를 공식 사용한 대통령은 윌리엄 하워드 태프트다. 태프트는 백악관 마구간을 차고로 개조하고 1만 2,000달러를 들여 4대를 구입했다. 피어스-애로우(Pierce-Arrow)의 내연기관차 2대, 스투드베이커(Studebaker)의 전기차 1대, 화이트의 증기차 1대였다.

우드로 윌슨은 피어스-애로우 3대를 구입했다. 윌슨은 이 차가 너무 마음에 들었다. 1921년 퇴임할 때 그중 한 대를 지인이 사들여 윌슨에게 선물했다. 백악관이 중고차 값으로 지인에게서 받은 돈은 3,000달러였다.

워렌 하딩은 취임식에 자동차 퍼레이드를 한 첫 대통령이었다. 운전면허를 가진 미국의 첫 대통령이기도 했던 하딩의 퍼레이드카는 패커드(Packard)의 12기통 '트윈 식스'였다.

1916년 자동차 역사상 처음으로 12기통 엔진을 개발한 브랜드가 패커드다. 포드 모델T가 440달러였는데 패커드는 2,600달러에서 시작

▲ 1921년형 피어리스 모델 56(왼쪽)과 1927년형 패커드 426 Roadster

했다. 하딩의 퍼레이드 덕분에 고급차 시장에서 패커드의 주가는 더 치솟았다.

1920년대에 "**미국의 명문가는 3P 자동차를 탄다**"라는 말이 돌았다. 피어스-애로우와 패커드 그리고 피어리스(Peerless)다.

> 피어리스는 생소할 수 있다. 1900년 뉴욕 오토쇼가 자동차 데뷔 무대였다. 피어리스는 기계적 완성도가 뛰어났다. 20만 마일을 무난히 달린다는 평가를 받았다. 부동형 리어액슬, 스티어링 휠 틸팅 시스템을 개발했다. 하지만 대공황을 이겨내지 못하고 1932년 파산했다.

트루먼은 링컨을 선택했다. 백악관은 링컨 코스모폴리탄 10대를 임대했다. 그중 트루먼의 의전차는 장갑무장 때문에 2,900kg으로 다른 9대보다 770kg 더 무거웠다. 자동차 마니아였던 드와이트 아이젠하워는 이 모델의 플렉시글라스 컨버터블을 좋아했다.

▲ 아이젠하워는 링컨 코스모폴리탄 컨버터블을 애용했다.
헨리포드박물관

방탄 기능이 있었지만 케네디 대통령(JFK)의 피격을 막을 수는 없었다. 오픈카는 경호가 취약했다. 원거리 저격을 막는 것은 불가능했다. 이후 인근 건물 등에 대한 경호를 강화했다. 케네디 이후 오픈형은 의전차로 사용하지 않고 있다.

◀ 피격 직전의 케네디
PBS

덩치를 보니 딱 짐승이네!

첨단 장비가 추가되면서 점점 더 무거워졌다.
오바마 의전차의 무게는?
대형 승용차의 세 배가 넘는다.

비밀경호국은 케네디 피격 이후 의전차였던 링컨 컨티넨탈 X-100(경호코드명)을 다시 만드는 작업에 돌입했다. 퀵 픽스(The Quick Fix) 작전이다.

▲ '퀵 픽스'에 따라 오픈형 하드탑을 고정형으로 바꾸고 최고의 방호 재료를 찾아냈다.
미국 국립문서기록보관청

육군재료기계연구소와 코팅자재기업 PPG 인더스트리, 포드 엔지니어팀(링컨은 포드 산하다)이 참가했다.

지붕은 고정식으로 바꿨다. 폴리카보네이트로 마감한 13중 접합 방탄유리를 씌웠다. 두께가 4.6cm에 달했다. 여기에만 12만 5,000달러가 들었다.

차체에는 티타늄을 입혔다. 알루미늄으로 코팅한 런플랫 타이어를 신었다. 연료탱크는 깨지더라도 유출을 최소화하는 **다공성 발포 매트릭스**로 만들었다.

비밀경호국이 성능을 강화한 의전차들을 꾸준히 제공했지만 후임 대통령들은 '퀵 픽스 X-100'을 때때로 이용했다. 개방감이 뛰어났기 때문이다. 1977년 초에야 퇴역했다.

케네디의 X-100은 2대였다. 워싱턴 D.C 시 당국은 똑같은 **GG 300** 번호판을 2개 발급했다.

코치빌더 헤스앤아이젠하트(Hess & Eisenhardt)의 윌러드 헤스는 재개조를 위해 입고된 X-100의 번호판 2개를 버리지 않았다. 2000년 그가 사망하자 딸 제인이 물려받아 부엌 서랍에 보관했다가 2015년 경매에 내놓았다.

▲ 재개조 작업을 위해 입고된 X-100과 'GG 300' 번호판
헨리포드박물관

당시 딸 제인은 **"아빠의 차고로 옮겨졌을 때 묻어 있던 피를 기억한다"**라고 말했다. 열혈 케네디 수집가가 10만 달러에 낙찰받아갔다.

경호에 필요한 아이템을 보태느라 점점 더 무거워졌다. 존슨의 의전차는 무게가 5톤을 넘겼고 1972년 닉슨의 의전차는 6톤에 육박했다.

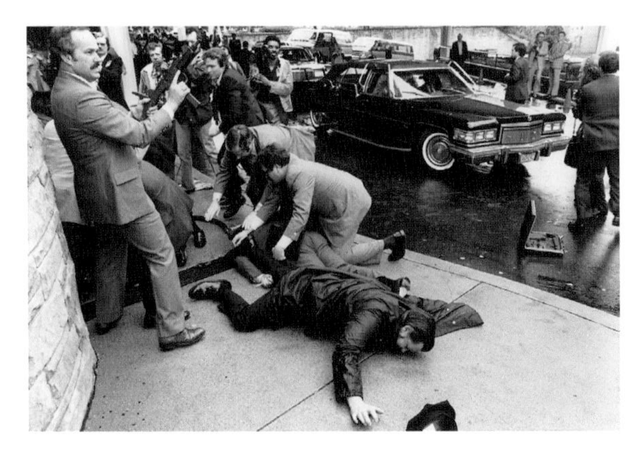

▲ 1981년 3월 30일 레이건 대통령 피격 당시
미국 국립문서기록보관청

존 힝클리가 의전차를 타기 직전의 레이건을 표적으로 삼았다. 'Röhm RG 14' 리볼버 권총으로 여섯 발을 쏘았다. 직접 맞히진 못했다. 총소리가 나자마자 경호원은 의전차 안으로 레이건을 밀어 넣었다. 마지막 여섯 번째 총알도 차체에 맞았다.

처음에는 총에 맞은 줄 몰랐다. 경호원이 거세게 태우는 바람에 갈비뼈가 부러진 줄로 생각했다. 알고 보니 방탄 재질의 차체에 튕겨 나간 유탄이 왼쪽 겨드랑이로 파고들었다. 폐를 뚫고 들어가 심장에서 2.5cm 떨어진 곳에서 멈췄다.

조지 워싱턴 대학병원에 4분 만에 도착해 긴급 수술을 받았다. 레이건은 응급실의 의료진들에게 **"여러분 모두 공화당원이어야 할 텐데요"**라고 농담했다고 한다. 수술실에 들어가기 전 아내 낸시에게는 **"여보, 몸을 피하는 걸 깜빡했어"**라고 말했다.

레이건 외에 백악관 대변인 제임스 브래디, 경호경찰 토머스 델라한티, 경호원 팀 매카시가 총에 맞았다.

힝클리는 성애증을 앓고 있었고 당시 여배우 조디 포스터에게 집착했다. 1980년 하반기 내내 포스터에게 수많은 편지와 메모를 썼고 두 번이나 통화를 했다. 힝클리는 **"국가적 인물이 된다면 포스터와 동등해질 것"**이라고 확신하고 대통령을 표적 삼은 것으로 드러났다.

▲ 할리우드 배우 조디 포스터

1981년 3월 초 포스터에게 쓴 서너 장의 집착메모를 갖고 있었지만 경찰은 힝클리를 추적하지 못했다. 힝클리는 35년이 지난 2016년 9월 석방되었다.

사건은 당시 18살이던 포스터에게 엄청난 충격이었다. 예일대를 휴학하고 개인 경호원을 고용했다.

레이건은 피격 12일 만인 1981년 4월 11일 퇴원했다. 퇴원 이후 외부 활동을 할 때마다 방탄조끼를 꼭 챙겨입었다.

클린턴 이후 의전차는 캐딜락이었다. 기함 '플리트우드 브로엄'을 개

▲ 클린턴의 캐딜락(왼쪽). 아들 부시의 캐딜락은 의전차 전용으로 처음부터 설계했다.

조했다. 아들 부시 때 의전차용 모델을 별도로 개발했다. 단 1명만을 위한 차, 최고를 위한 차, '캐딜락 원'의 시작이다.

드빌이나 DTS의 앞뒤 모습을 적용했을 뿐 기본부터 아예 다르다. 서버번이나 에스컬레이드 등 GM의 풀사이즈 SUV 플랫폼을 기반으로 했다. 무게는 6톤(추정 무게 6,400kg)을 넘긴다. 거대한 장갑무장 차량이어서 'The Beast(야수)'라고 부른다.

오바마 의전차는 더 무겁다. GMC 트럭 톱킥의 플랫폼이 바탕이다. 차체는 특수강, 티타늄, 알루미늄 등을 총동원했다. 도어 두께는 200mm, 유리두께는 130mm다.

타이어는 대전차 지뢰에도 견딘다. 높이도 1.8m에 달한다. 이러니 무게가 9톤 이상이다(추정치 9,100kg). 최고 속도가 많이 나올 수가 없다. 97km/h다.

덩치를 끌기 위해 8기통 6.6리터 터보 디젤 엔진을 사용한다. 승용차용 가솔린 기관의 토크로는 부족하다. 경유는 혹시 모를 피격 때 폭

▼ 오바마의 의전차 'The Beast II.' 굴러가는 백악관이다.

발 위험도 상당히 낮춰준다. 연비는 리터당 2.8km다.

화학 공격에 대비해 승객석 완벽 밀폐가 가능하도록 설계했다. 연막탄, 최루탄 발사기, 고성능 샷건 등은 방어용이다. 응급 상황에 대비해 대통령과 같은 혈액을 비치한다.

오바마는 2013년 지역 표준 번호판을 써달라는 워싱턴 D.C 주민들의 청원을 받아들였다. 표준 번호판에는 **"대표 없는 과세 부담"**이라는 문구가 있다.

▲ 워싱턴 D.C의 자동차 번호판(왼쪽)과 바이든 대통령 취임식 당일 사용한 번호판

미국 헌법은 의회를 주(州) 대표자들로 구성하도록 규정한다. 워싱턴 D.C는 특별구(District of Colombia)여서 상·하원의원도 자체 입법권도 없다. 그럼에도 세금은 꼬박꼬박 내야 해 억울하다는 의미의 문구다. 오바마 이후 트럼프와 바이든도 이 문구가 적힌 번호판을 달고 있다.

워싱턴 D.C 차량관리국은 대통령 의전차에 800 002라는 번호판을 부여했다. 취임식 당일에는 몇 대 대통령인지 알려주는 숫자만 들어간 번호판을 부착한다. 바이든은 46이었다.

수명이 다한 의전차는 어떻게 될까. 비밀경호국이 폭파해 해체한다. 방어 능력도 제조 능력도 공개해선 안 되는 국가기밀이다.

▲ 이동 중인 The Beast III

2014년 비밀경호국은 새 의전차 3대를 1,683만 2,679달러에 계약했다. 2018년 9월 24일 트럼프의 뉴욕 방문 때 공개했다.

창문은 운전석만 7.6cm 정도 열린다. 조수석이나 대통령이 앉는 뒷좌석은 열리지 않는다. 차 문에는 열쇠 구멍이 없다. 문을 어떻게 여는지는 백악관 경호원들에게 물어봐야 한다.

이동할 때는 2~3대가 함께 다닌다. 대통령이 어느 차량에 타고 있는지 감추기 위해서다. 뒤쪽 경호 차량에 탑승하고 있을지도 모른다. 'The Beast'는 해외 순방 때 대통령이 에어포스 원으로 방문국에 도착하기 전에 수송기로 도착해 대기한다.

'황금전설' 수호성인이 보우하사

마차 제작에는 뉴턴, 넬슨, 셰익스피어, 다윈,
제너, 나이팅게일 등 영국을 대표하는
인물들의 유품을 활용했다.

2023년 5월 6일 영국 국왕 찰스 3세 부부의 대관식. 버킹엄 궁에서 웨스트민스터 사원까지 '다이아몬드 주빌리 마차'로 이동했다. 3톤의 무게를 윈저그레이 6마리가 끌었다. 부드러운 유압식 서스펜션 위에 알루미늄 차체를 입혔다. 냉난방 장치에 전동식 윈도우까지 왕실에 따르면 **"믿을 수 없을 정도로 승차감이 좋다."**

2014년 6월 4일 엘리자베스 2세가 영국 의회 개원식 연설을 하러 가면서 처음 공식 사용했다. '메이드 인 호주'다. 2012년 엘리자베스 2세의 다이아몬드 주빌리, 즉위 60주년에 맞췄다. 실버 주빌리는 25주년, 골든 주빌리는 50주년이다. 70주년은 플래티넘 주빌리다.

코치빌더 호주의 짐 프레클링턴이 마차 장인 50명을 동원해 만들었

▲ 대관식에서 다이아몬드 주빌리 마차를 타고 웨스트민스터 사원으로 향하는 찰스 3세 부부

다. 하지만 13만 8,000파운드의 제작비를 해결하지 못했다. 영국과 왕실의 예산 지원을 받았던 게 아니었다. 비용은 어떻게든 해결할 수 있을 거라고 판단하고 프레클링턴이 일단 제작에 들어간 것이다. 민간 기부금 등으로 비용을 해결하느라 60주년 2년이 지난 2014년 뒤늦게 왕실에 인도했다.

프레클링턴은 마차를 제작하면서 영국의 역사와 유산을 담아낼 수 있는 재료를 최대한 쓰려고 노력했다. 물리학자 뉴턴의 사과나무에서 채취한 목재, 메이플라워호의 나무 조각 등을 사용했다. 넬슨 제독의 기함 'HMS 빅토리'의 나무로 지붕의 왕관을 조각해 금박을 입혔다.

대문호(大文豪) 셰익스피어와 『종의 기원』 찰스 다윈, '종두법' 에드워드 제너 등의 유품도 활용했다. '현대 간호학의 창시자' 플로렌스 나이팅게일의 드레스 조각도 들어가 있다. 대헌장 '마그나카르타'의 디지털 사본을 내부에 두었다.

내부 벽면과 천장에는 런던 타워, 세인트 폴 대성당, 솔즈베리 대성당, 웨스터민스터 사원 등을 상감(象嵌)했다. 무게 2.75톤, 전장 5.5m, 높이 3.4m다.

▲ 프레클링턴이 제작한 'Australian State Coach'

2011년 4월 29일 윌리엄 왕자와 캐서린 미들턴은 결혼식 당시 'Australian State Coach'에 탔다. 프레클링턴이 1988년 5월에 제작했다. 현대식 서스펜션과 전동식 장치를 적용했다. 당시 호주를 방문한 여왕에게 전하는 호주 국민들의 선물이었다.

찰스 3세 부부는 대관식이 끝나고 버킹엄 궁 귀로에 관례대로 황금마차를 이용했다. 왕실 차고, 로얄 뮤즈(Royal Mews)에서 두 번째로 비싸다. 1762년 만들어져 1831년 윌리엄 4세 이후 모든 대관식에서 쓰이고 있다. 8마리의 윈저그레이가 끈다. 제작 이후 바퀴에 고무를 덧댄 것 외에는 바뀐 게 없다.

◀ 1953년 엘리자베스 2세도 대관식 때 '황금마차'를 탔다.

무겁고 승차감이 엉망이다. 바퀴의 진동이 고스란히 객실에 전해진다. 그럴 수밖에. 서스펜션 개념이 없었던 **1762년형**이다. 엘리자베스 2세는 **"아름답지만 (승차감은) 매우 끔찍하다"**라고 했다. 그래서인지 자신의 대관식을 포함해 실버·골든 주빌리 딱 세 번만 탔다. 가치는 350만 파운드다.

▲ 2009년 근위대 분열식에서 엘리자베스 2세는 한 쌍의 클리블랜드베이가 끄는 마차를 탔다.

로얄 뮤즈는 마차들을 위해 두 종류의 말들을 관리한다. 윈저그레이와 클리블랜드베이 30필이다. 윈저그레이는 예전부터 왕실의 마차를 끌었던 회색 말이다. 클리블랜드베이는 클리블랜드 지방에서 개량한 근육질의 베이지색 품종이다.

가장 비싼 차는 벤틀리다. 대당 170억 원인데 두 대가 있다. 여왕 즉위 50주년이던 2002년 골든 주빌리에 맞춰 벤틀리가 희사했다.

생화학 테러공격 대비 장치 등 최고 등급의 방탄을 자랑한다. 나머지 3대는 롤스로이스다. 1950년형 팬텀 Ⅳ, 1978년형 팬텀 Ⅵ, 1986년형 팬텀 Ⅵ다.

왕실은 퍼레이드에 쓸 두 대도 갖고 있다. 'Royal Review Vehicle'이라고 부르는데 오픈형 레인지로버다. 이 의전차들은 번호판이 없다는 공통점이 있다.

◀ 로얄 뮤즈의 벤틀리

▶ 1986년형
롤스로이스 팬텀 VI

◀ Royal Review Vehicle

▲ 2012년식 재규어 XJ 리무진(왼쪽)과 1992년식 다임러 DS420 리무진

▲ '성 조지(Saint George)' 목판화와 벤틀리 후드에 부착된 상징물

재규어 2대와 다임러 3대, 여기에 일반형 레인지로버 3대도 로얄 뮤즈의 식구다. 조금은 덜 공식적인 행사(Semi State Car)에 활용한다. 이들은 번호판이 있다.

2012년부터는 BMW i3, BMW 7시리즈 하이브리드와 르노 트위지 등 전기차를 구입했다. 로얄 뮤즈의 차량은 매우 짙은 와인색으로 도장하는데 이 색상의 명칭은 로얄 클라레(Royal Claret)다.

로얄 뮤즈 차량의 후드에는 독특한 장식물이 있다. 용을 참수하는 성 조지(Saint George and The Dragon)다.

13세기 후반 이탈리아 제노바의 대주교 야코부스 데 보라지네가 황금성인전을 편집했다. 여기에 3세기에 활동했던 그리스계 로마 군인 '조지(게오르그)'의 이야기가 나온다.

"북아프리카 리비아의 실레네 지역에 용 한 마리가 나타나 사람들을 괴롭히다가 결국 사람을 제물로 요구했다. 그때 그곳을 지나가던 조지가 용을 물리치고 리비아 지역을 기독교로 개종시켰다. 이 공로로 조지는 성인의 반열에 올랐다."

성 조지는 잉글랜드, 에티오피아, 조지아, 모스크바 등의 수호성인이다. 흰 바탕에 붉은 십자가가 그려진 성 조지 깃발은 영국을 상징하는 깃발로 지금도 쓰인다.

엘리자베스 2세는 생전에 장례 계획, 작전명 런던 브릿지(London Bridge)를 승인했다. 로얄 뮤즈는 이에 따라 영구차(State Hearse)를 준비했다.

재규어 XJ를 기반으로 유리 지붕을 높여 추모객들이 관을 더 잘 볼 수 있게 했다. 후드의 성 조지에는 은도금을 했다.

▲ 발모럴 성에서 왕립 공군기지에 도착한 엘리자베스 2세의 시신을 운구하는 재규어

▲ 여왕의 남편 필립 마운트배튼 에든버러 공작도 자신의 영구차를 미리 준비했다.

여왕이 죽음을 맞았을 때 내각에 알리는 전문은 'London Bridge is Down'이었다.

여왕은 스코틀랜드의 왕실 별장 발모럴 성에서 생을 마감했다. 말년에 골수암을 앓았던 것으로 전해졌지만 사망진단서에는 노환으로 기록했다. 영연방 국가들은 2022년 9월 19일 국장일 당일을 임시공휴일로 선포했다.

엘리자베스 2세의 남편 필립 마운트배튼 에든버러 공작은 2021년 99세를 일기로 타계했다. 80세를 넘어서면서 자신의 장례식을 준비했다. 평소 **"죽으면 랜드로버 뒷좌석에 태워 윈저로 데려다 달라"**라고 말했다. 또한, 지붕 없는 녹색 도장을 요청했다. 필립 공은 자신의 관 고정장치까지 신경을 썼다. 엘리자베스 2세가 임종을 지켰다.

농작물 나르다가 출세했네!

'사막의 롤스로이스' 레인지로버의 시작은 농업용 차량, 랜드로버다. 이를 본 귀족들의 요구로 별장에 갈 때 탈 수 있는 고급 버전을 개발했다.

우편마차 형태의 차량 한 대가 1900년 영국 왕실에 도착했다. 주문자는 당시 왕세자 알버트, 이듬해 즉위한 에드워드 7세다. 6마력짜리 다임러였다. 로얄 뮤즈에 들어간 첫 자동차다.

에드워드 7세(재위 1901~1910년)는 자동차 마니아이자 다임러 광팬이었다. 즉위한 직후 다임러에 왕실 인증(Royal Warranty)을 부여했다. 재위 9년간 매년 한 대 꼴로 주문했다. 1907년의 아홉 번째 다임러는 뒷좌석 지붕이

▲ 에드워드 7세가 1907년 주문한 다임러 랜들럿

뒤쪽으로 접히는 35마력짜리 오픈형 랜들럿(Landaulet)이었다.

20세기 초반 다임러는 왕실 리무진의 대명사였다. 1911년 인천항을 통해 들여온 고종의 의전차다. 이후 부침을 겪으며 재규어 랜드로버 산하로 들어갔다가 2008년 브랜드 자체가 없어졌다. 덴마크, 스웨덴, 룩셈부르크 왕실은 예전의 다임러 모델을 여전히 이용하고 있다.

초기에는 왕실 전담 정비사가 운전을 겸했다. 지금은 납치 방지, 회피 운전에 능한 경호경찰이 운전한다. 런던 경찰청 산하 보호사령부 소속이다. 사령부에는 두 개 부서가 있는데 요인보호부는 요인 경호 담당이다. 의회외교보호부는 의회 건물과 요인들의 거주지 등 시설을 주로 경비한다.

런던에서 가장 유명한 주소지는 다우닝가 10번지다. 총리실이자 관저다. 예전에는 입구에 두 명의 경찰관만 배치했다. 마가렛 대처 재임 기간에 테러 위협으로 보안 등급을 올렸다. 1991년 존 메이저 총리 때 아일랜드 무장단체 IRA의 '10번지 뒷마당 폭발 사건' 이후에는 엄격히 통제하고 있다.

◀ 다우닝가 10번지를 나서는 2014년 당시 총리 데이비드 캐머런

요인보호부는 왕실 외에 총리와 장관도 경호한다. 총리는 최소 3대의 차량, 최소 9명으로 꾸려지는 팀의 경호를 받는다.

현재의 의전차는 SUV인 '레인지로버 센티넬'. 2021년 9월 보리스 존슨 때 외부에 처음 모습을 드러냈다.

차체는 7.62mm 장갑탄에도 끄떡없다. 완전 밀폐 산소장치로 생화학 공격에서도 총리를 보호한다. 민간 공격에 완벽히 대처할 수 있는 B7 등급이다.

레인지로버의 방탄 이름은 센티넬(Sentinel)이다. 메르세데스-벤츠는 가드(Guard), BMW는 시큐리티(Security)다. 레인지로버 센티넬의 가격은 최소 40만 파운드다. 방탄 때문에 무거워진 만큼 느려지는 것을 감수해야 한다. 최고 속도가 시속 180km 정도다.

▲ 2021년 다우닝가 10번지에 인도한 B7 방호 등급의 '레인지로버 센티넬'

조지 다우닝은 부동산으로 큰 돈을 만졌다. 1684년에는 의회까지 걸어갈 수 있는 런던의 요지를 임대해 개발했다. 왕실 소유여서 입지가 나무랄 데 없었다. 북쪽으로 세인트제임스 공원이

▲ 영국 총리 공관 다우닝가 10번지는 평범한 타운하우스였다.
OGL

있고 버킹엄 궁도 가까웠다. 마구간과 공원 전망을 갖춘 집들을 지었다. 개발자 이름을 딴 다우닝가는 타운하우스 거리였다.

조지 2세는 1732년 제1대장경(First Lord of the Treasury) 로버트 월폴에게 다우닝가의 가장 큰 집을 하사했다. 월폴은 관사로 받았고 뒷편의 집 두 채를 합치는 3년간의 리모델링 끝에 입주했다. 지번이 여러 번 바뀌다가 1787년 10번지가 되었다. 직전에는 5번지였다.

제1대장경은 당시 정부의 최고위직이었다. 월폴 주도 아래 책임총리제가 자리를 잡았다. 공식적으로 총리(Prime Minister)로 호칭한 것은 1905년 취임한 헨리 캠벨-배너먼이 처음이다.

▲ 다우닝가 10번지의 정문. '제1대장경'이라고 새겨진 우편함이 아직도 있다.

월폴 후임들은 10번지에서 지냈을까. 1902년까지 31명의 제1대장경 중 16명만 입주했다. 훨씬 더 크고 훌륭한 저택을 가진 귀족들이었기 때문이다. 그들의 눈에 관사는 평범한 건물이었다. 그렇다고 비워두진 않았다. 제2대장경에게 쓰도록 하거나 주변에 임대했다고 한다.

번지수를 보여주는 정문의 흰색 '10'의 '0'은 시계 반대 방향으로 37° 각도로 누워 있다. 18세기 후반 10번지 정문을 수리하면서 당시 유행했던 트라야누스 알파벳의 대문자 'O'로 '0'을 표기한 것이다.

그 아래에는 사자 머리 모양의 도어노커가 있다. 초인종에는 PUSH

라고 적혀 있는데 누른 사람은? 알려진 적이 없다.

런던 중심부에서 북서쪽으로 64km 떨어진 버킹엄셔 엘스보로 근처에 있는 체커스는 영국 총리의 별장, 컨트리하우스다. 16세기에는 영주의 저택이었다. 농림수산부 장관과 해군성 사령관 등을 역임한 정치인 아서 해밀턴 리의 소유였다가 정부에 증여했다. 의회는 곧바로 체커스를 총리의 별장 겸 주요 인사 접견 장소로 사용하도록 하는 체커스부동산법(1917년)을 제정했다.

▲ 영국 총리의 별장, 체커스 코트

아서 리의 증여는 20세기 들어 귀족이 아닌 정치인들이 대거 등장한 것과도 관련 있다. 이들은 대부분 별장을 갖고 있지 않았다. 자산가였던 아서 리는 별장 리모델링 작업을 거쳐 1921년 소유권을 정부에게 완전히 넘겼다.

윈스턴 처칠의 의전차는 '험버 풀먼'이었다. 이후 알렉 더글라스-홈까지 탔다. 해롤드 윌슨부터는 '로버 P5'였다. 마가렛 대처 재임 중 '재규어 XJ'로 변경했다. 장수했다. 보리스 존슨이 레인지로버로 교체할 때까지 의전을 책임졌다.

▲ 1954년 윈스턴 처칠 총리에게 인도한 험버 풀먼

'풀먼'은 안락한 호화차량

▲ 1928년 풀먼이 제작한 '아문센(Amundsen)'은 미국의 후버, 루스벨트, 트루먼, 아이젠하워 대통령의 전용 기차였다.

을 의미한다. 어떻게 된 걸까. 1836년 펜실베이니아의 컴벌랜드밸리 철도가 미국에서 처음 침대칸 객차 챔버스버그를 운행했다. 3단의 고정식 침대가 있는 이 객차를 여러 철도회사가 모방했다.

시카고의 건축업자 조지 풀먼도 1865년 침대차 사업에 뛰어들었다. 기존 침대를 개량해 시카고&올턴철도의 열차 두 칸을 침대칸으로 개조했다. 장거리 여행에 필요한 서비스를 미리 주문할 수 있었다. 의자를 누이듯 펼치는 아래층 침대와 벽 쪽으로 접을 수 있는 위층 침대는 넉넉하고 편안했다.

이렇게 사전예약 풀먼 객차가 만들어졌고 이후 풀먼은 고급 여정의 대명사로 쓰였다. 호화롭고 편한 자동차들도 이 이름을 가져다 썼다.

로버는 1904년 자동차를 처음 생산했다. 제2차 세계대전 후 전시 설비를 이용해 농업용 차량을 만들기로 했다. 농로를 잘 달리고 많은

◀ 1세대 레인지로버는 'Two Door'였다.

짐을 실을 수 있어야 했다. '랜드로버'의 시작이다.

이 차를 본 귀족들은 고급 버전을 원했다. 롤스로이스나 벤틀리를 타고 컨트리하우스에 파티나 사냥을 하러 가기에는 가는 길의 도로가 거칠었다. 1970년 선보인 첫 모델 '레인지로버'는 귀족들의 마음에 쏙 들었다.

6년 지났다고? 그럼 바꿔야지!

방탄의 세계에도 있을 건 다 있다.
등급도 있고 유효기간도 있다.
무기의 발전에 맞춰 능력이 강해져야 할 뿐이다.

자동차는 외부를 눈으로 보면서 이동하는 수단이다. 유리를 통해 자동차와 도로는 소통한다. 그러다 보니 유리가 필수지만 외부의 공격에는 취약했다. 탑승객을 보호해야 한다면 방탄을 해야 했다.

라미네이팅 처리한 아라미드나 폴리에틸렌, 폴리카보네이트 등의 필름을 유리에 접합한다. 강한 필름-유리-부드러운 필름-유리-강한 필름….

총탄은 어마어마한 회전력으로 타깃을 향한다. 이렇게 층을 지운 접합유리가 총탄의 회전력을 감소시킨다. 결국 회전력이 0이 되는 순간 멈춘다. 관통하기 전에 접합유리 사이에 가두는 원리다.

가두는 효과를 더하기 위해 사이에 공기층을 넣기도 한다. 캐딜락 원은 13중 접합으로 두께가 130mm다. 무게도 엄청나다. 앞 유리만

150kg이 넘는다. 도어 두께는 200mm여서 외부에서 문을 열어주지 않으면 타고내리는 게 불가능하다. 현재 방탄유리 두께는 40mm가 기본이다.

방탄차는 보통 6년에 한 번씩 교체한다. 접합유리라는 태생적 한계 때문이다. 영하의 추위에 실내 난방을 켜면 접합 부분이 매우 미세하게나마 조금씩 벌어진다. 방탄력에는 치명타다.

물론 방탄력이 완전히 사라지는 것은 아니다. 원하는 만큼의 성능이 나오지 않을 뿐이다.

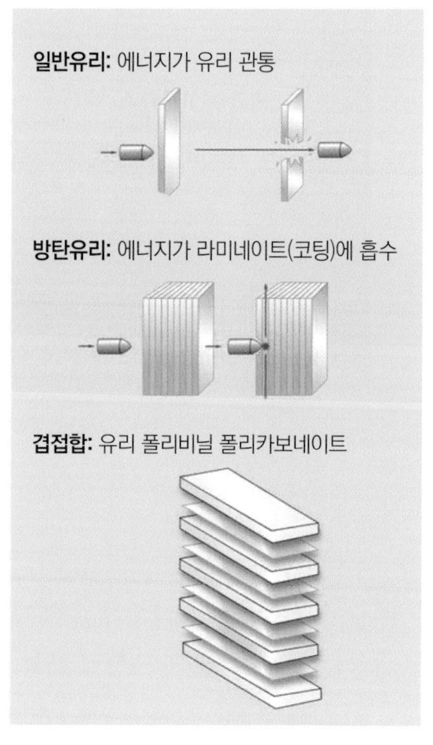

▲ 라미네이팅 처리한 여러 겹의 필름으로 총탄을 가두는 것이 기본 원리다.
en.tdtebo.com

◀ 오바마 '캐딜락 원'의 유리 두께는 130mm다.

▲ 영화여서 가능하다. 이런 자세라면 '아저씨'가 골절상을 입는다.
CJ ENM Movie

방탄이라고 해서 무한정 방탄이 되는 것은 아니다. 영화 **<아저씨**(2010년)**>**에서 보듯이 한 곳에 집중하면 뚫린다. 다만, 영화처럼 총을 쏘면 아저씨가 팔과 어깨에 골절상을 입는다. 방탄유리에 막히는 총탄의 발사 충격이 몸에도 전달되기 때문이다.

약간 떨어져 사격했다고 가정하면 아저씨의 잘생긴 얼굴이 망가질 수 있다. 생각보다 강하게 바깥 쪽으로 유리 가루가 튄다. 눈에 들어가면 실명에 이를 수 있다.

방탄유리는 총기의 발전에 비례한다. 1930년에는 브라우닝 9mm 권총에 대비했다. 지금은 **AK-47**이 기본이다.

존 브라우닝은 현대 총기의 아버지다. 19세기 후반~20세기 초기 총기의 역사를 보면 브라우닝의 원맨쇼다. 23살 때 싱글샷 라이플을 설계해 생산했다. 윈체스터와 계약을 맺고 생산했는데 아직도 팔린다. 윈체스터 M1886, M1895 등도 스테디셀러다.

브라우닝은 이후 벨기에 FN과 협력해 60만 정 이상이 팔린 M1900을 설계했다. M1900을 기반으로 디자인을 완전히 손댄 권총이 M1910이다.

이 권총은 **1,000만 명을 죽인 총**으로 불린다. 제1차 세계대전의 도화선이 된 사라예보 사건에 쓰였기 때문이다. 유럽에서 브라우닝은 곧 권총이었다. 오늘날의 크레파스나 샤프처럼.

▲ 안중근 의사의 권총 FN M1900

안중근 의사가 1909년 10월 26일 하얼빈역에서 이토 히로부미를 처단한 총기가 바로 이 M1900이다. 최재형 선생이 구해준 총기 중에서 직접 선택했다. 워낙 많이 팔린 총이어서 구하기도 쉽고 성능도 담보할 수 있었기 때문으로 보인다. 총기번호는 262336. 고장에 대비해 '스미스&웨슨(Smith&Wesson) 모델2' 한 정을 더 챙겨갔다.

자동소총의 전설 AK-47의 개발자 미하일 칼라시니코프는 브라우닝을 **리스펙**했다. 생전에 "**브라우닝 권총을 통해 단순함과 완결성을 깨달았고 이를 AK-47에 적용했다**"라고 밝혔다.

▲ AK-47 Type 2A. 1951년부터 1954년까지 옛 소련에서 생산했다.

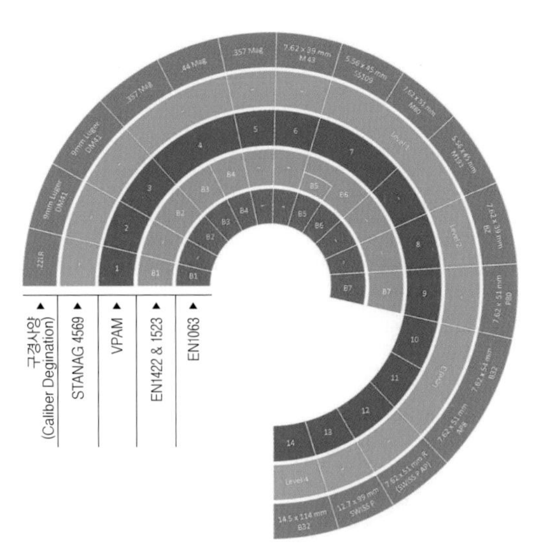

▲ STANAG과 VPAM, CEN의 등급 구분. 아래 두 작은 원이 CEN이라고 보면 된다.
armour-works.com

방탄에도 등급이 있다. 평가하는 기관은 여러 곳이 있다. 유럽 표준화위원회 **CEN**과 독일 공격방지재료구조물시험기관협회 **VPAM**, 미국 국립사법연구소 **NIJ**와 나토 표준화협정 **STANAG** 등이다.

NIJ와 STANAG는 민간·군용 각 2개 등급으로 분류한다. 두 기관의 등급은 거의 일치한다. NIJ는 주 종목인 방탄복에 대해서는 '6등급(1, 2-A, 2, 3-A, 3, 4)'으로 더 세분화한다.

제작사들은 CEN이나 VPAM을 주로 활용한다. 민간 탄약에 대한 방어력 구분이 구체적이기 때문이다. CEN은 7등급(B1~B7), VPAM은 14등급(VR)으로 나눈다.

B6 이상은 자동소총이나 수류탄에 대한 방어 능력이 있다. B6는 초속 722~732m로 날아오는 9.5~9.7g 무게의 7.62(직경) X 39mm(탄피 길이) AK-47 탄환을 막아낼 수 있다는 의미다. B7은 민간

▶ VPAM과 CEN 등급

구분		무기 종류	탄환	구경
APR 2006 PM2007 BSW 2006	EN 1063 EN1522/1523 BRV 1999			
1	1			22 lr
2	–			9 mm Luger
3	2			9 mm Luger
4	3			.357 Mag.
	4			.44 Rem. Mag.
5	–			.357 Mag.
6	–			7.62 x 39
7	5			.223 Rem.
	6			.308 Win.
8	–			7.62 x 39
9	7			.308 Win.
10	–			7.62 x 54 R
11	–			.308 Win.
12	–			.308 Win.
13	–			. 50 Browning
14	–			1.45 x 114

* VR10부터는 군용 화기에 해당한다.
출처: www.cencenelec.eu

화기에 대한 최고의 방탄 등급이다.

VR는 더 강력한 방탄임을 홍보하고 싶을 때 사용한다. 메르세데스-벤츠 가드는 최고 등급임을 강조하기 위해 VR을 주로 표기한다. VR10부터는 군용 지뢰부터 15kg급 TNT 폭약까지 방어한다.

일반 차량의 도어 강판은 최고 0.4mm 정도다. 안쪽과 바깥쪽 강판

▲ 총기사고가 일상인 미국의 경찰차는 기본적으로 방탄이다.

을 합쳐봐야 1mm가 안 된다. 내부도 텅 비었다. 총탄이 도어를 향하면 회전력을 유지한 채 관통한다. 하지만 방탄차는 4mm 이상이다.

영화에서 미국 경찰들이 도어를 방패 삼는 총격전을 볼 수 있다. 특수 합금 패널이 들어간 방탄 도어다. 미국 경찰차는 포드 익스플로러가 가장 많고 그다음이 닷지 차저다.

차체는 강판에 합성소재를 추가한다. 강성은 높이고 무게는 줄인다. 알루미늄, 세라믹, 티타늄, 카본 파이버 등을 주로 쓴다. 캐딜락 원의 차체 두께는 20mm 이상이다.

바닥은 완전 밀폐다. 생화학 공격에도 대비해야 한다. 연료탱크는 폭발 방지 장치가 필수다. 연료탱크 내부 폭발은 끔찍한 결과를 부를 수 있다. 배터리와 전기장치, 퓨즈박스까지 방탄 소재를 입힌다.

방탄유리를 생산하는 3M이 2005년 캐나다 밴쿠버에서 광고를 했다. 방탄유리 사이에 300만 달러를 두었다. 누구든 1분 동안 도구를

◀ 2005년 캐나다 밴쿠버의 버스정류장에 마련한 3M의 방탄유리 광고행사
3M

쓰지 않고 부수면 돈의 주인이 될 수 있었다. 홍보효과를 톡톡히 봤다. 돈을 가져간 이는 없었다.

큰 차만 방탄하라는 법 있어?

크고 화려한 자동차들만
방탄을 하는 것은 아니다.
치안 상황이 불안할수록 방탄시장은 커진다.

삼바와 축구의 나라 브라질. 지난 10년간 연평균 6만 건 이상의 살인사건이 발생했다. 강도 사망 사건은 매년 5% 이상씩 늘고 있다. 나빠지는 치안 상황 때문에 감추고 싶은 세계 1위가 생겼다. 방탄차 숫자다. 등록 방탄차만 30만 대에 육박한다. 2위 멕시코의 다섯 배다.

2013년 상반기 브라질에서 방탄으로 가장 많이 개조된 모델은 토요타 코롤라다. 중남미 현지에서 소형 SUV로 판매 중인 현대 크레타를 개조한 방탄차도 심심찮게 볼 수 있다. 고급스럽거나 비쌀 필요가 없다. **총 안 맞으려고** 개조한다.

브라질에서 방탄차는 군에 등록해야 한다. 2023년 상반기에만 1만 3,936대가 등록했다. 돈이 몰려 있는 경제 수도 상파울루가 1만

◀ 현지에서 판매 중인 소형 SUV 현대 크레타

1,811대로 압도적이다.

상파울루(Sao Paulo)는 영어로 세인트 폴(Saint Paul · 성 바오로)이다. 남미에서 가장 인구가 많은 도시다. 2023년 추정 인구는 2,260여만 명. 면적은 1,522km²로 서울의 2.5배 정도다. 남회귀선 바로 아래에 위치해 있지만 고도가 높아 여름에도 매우 덥지는 않다.

교통과 농산물 거래의 중심지로 발전하기 시작해 브라질의 시카고로 불리기도 한다. 한국인은 2만~3만 명 정도가 살고 있다. 도시의 빈부 격차가 크다.

▲ 2018년 7월 3일 'Planet Labs SkySat' 위성이 촬영한 인터라고스 오토드롬
www.planet.com

상파울루의 최애 스포츠는 당연히 축구다. 하지만 이 종목 인기도 무시 못한다. '포뮬러 원(F1)'이다.

1940년 5월 인터라고스에 레이싱 경주장(Autódromo de Interlagos)을 마련한 이후 상파울루는 속도에 열광했다. 경주장은 1977년 공식 명칭을 아우토드로모 호세 카를로스 파세(Autódromo José Carlos Pace)로 바꿨다. 1977년 비행기 추락사고로 비극적으로 사망한 레이서 파세를 기리기 위해서다.

1973년부터 이곳에서 브라질 그랑프리가 열린다. 그동안 4명의 브라질 드라이버가 우승컵을 들어 올렸는데 모두 상파울루 출신이다. 상파울루는 방탄차의 도시이자 레이싱의 도시다.

국민 영웅 아일톤 세나(Ayrton Senna da Silva)도 상파울루에서 태어났다. F1 월드 챔피언에 세 번이나 오른 그는 빈민가 지원에 발벗고 나서 존경과 사랑을 받았다. 지금도 그가 세운 사회구호재단이 수많은 아이들을 돕고 있다.

1984년 데뷔한 세나는 안타깝게도 1994년 5월 1일 트랙에서 사고로 요절했다. 이탈리아 산 마리노 그랑프리에서 선두로 달리다가 가드레일을 들

▲ 아일톤 세나(위쪽). 1994 미국 월드컵에서 우승한 브라질 대표팀의 '세나' 세리머니

1994년 미국 월드컵에서 브라질 축구 국가대표팀은 세나를 추모하는 우승 세리머니를 했다. "세나! 우리는 당신과 함께 달렸다. 테트라(월드컵 통산 네 번째 우승)는 우리 것!"이라는 플래카드를 들었다. 세나와 레이싱에 대한 브라질 국민들의 사랑을 짐작할 수 있다.

이받았다. 급히 병원으로 옮겨졌지만 끝내 숨졌다. 당시 34살이었다. 브라질은 3일간 국가 추모기간을 갖고 국장(國葬)으로 그를 떠나보냈다.

브라질에서는 일반 차량을 구입한 후 별도로 방탄 작업을 한다. 조립 과정부터 방탄을 입히는 게 성능 면에서는 좋지만 비싸다.

군에서 허가받는 기간도 길고 복잡하다. 방탄 애프터마켓이 가성비가 좋다.

수요가 많으니 업체가 많다. 400곳이 넘는다. 브라질방탄협회(Abrablin)의 회원사 69곳이 80%를 담당한다. 브라질 육군은 그중 5곳만 공식 인정한다. 완성차 업체들은 방탄업체 1~2곳을 협력사로 두고 있다.

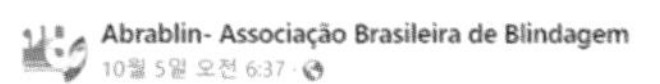

▲ 안전을 위해 방탄을 권유하는 브라질방탄협회 페이스북

저격이나 충돌 등으로부터 탑승자를 보호하는 장비를 개발한 후에는 얼마나 효과적인지 실험이 필요했다. 사람을 태운 채 실험할 수는 없었으니 동물을 실험체로 썼다.

개, 토끼, 돼지 등을 마취시킨 후 운전석에 앉혔다. 조수석과 뒷좌석도 마찬가지였다. 총탄도 퍼부었다. 하부에서 폭발도 일으켰다.

동물윤리협회(PETA)는 1991년 9월 제너럴모터스(GM)가 자동차 충돌 테스트에 동물을 사용하고 있다며 반대 캠페인을 시작했다. 그러

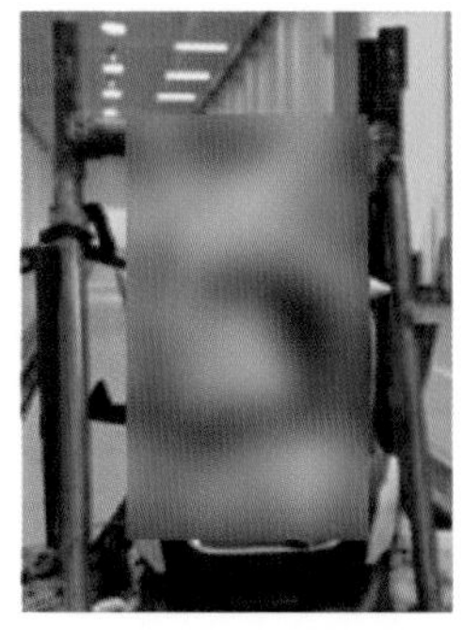
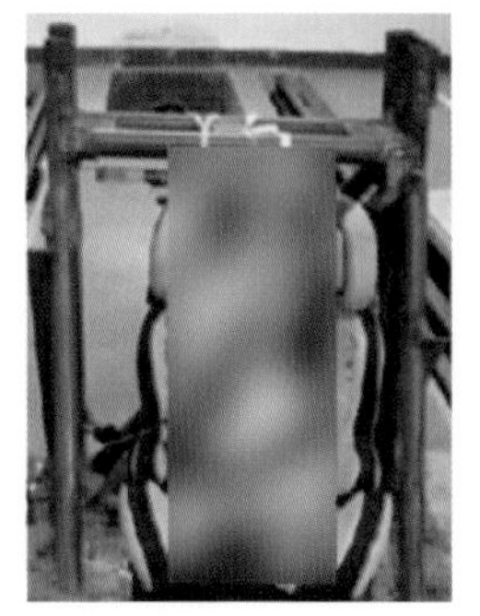
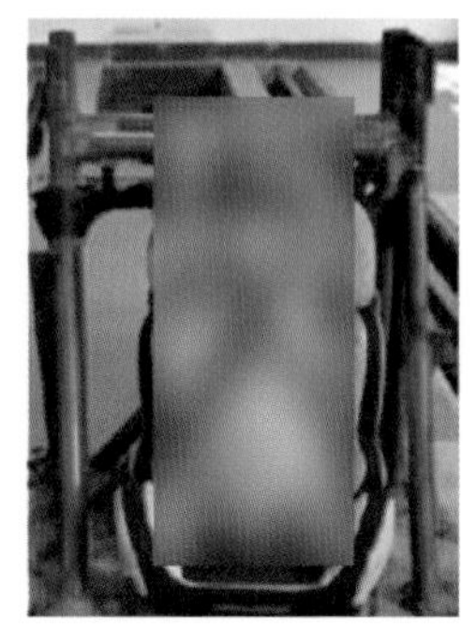

▲ 자동차 내·외부 안전장치와 방탄기술은 동물들에게 많은 빚을 졌다.
PETA

면서 GM에게 동물실험 자료를 공개하라고 요구했다.

GM은 결국 **"지난 10년 동안 약 1만 9,000마리의 개, 토끼, 돼지, 흰족제비, 쥐, 생쥐가 숨졌다"**라고 확인했다. 1993년부터는 동물실험을 공식 중단했다. 이후 다른 업체들도 뒤따를 수밖에 없었다.

안전띠의 장력, 에어백의 압력, 방탄유리의 두께 등에는 동물들의 희생이 있었다. 미국동물학대방지협회(ASPCA)는 반대했지만 용인할 수밖에 없었다. 어쨌든 인명 피해를 줄여줬으니까. 현재 동물실험을 하는 업체는 없다.

▲ 시신 실험

시신도 활용했다. 시신은 동물이나 모형 인체 더미(Dummy)보다 더 현실적인 결과를 가져다줬다. 미국 디트로이트 웨인주립대 알버트 킹 박사는 1995년 *The Journal of Trauma*에 실은 "상해 예방에 관한 시신 연구의 인도적 이익"이라는 제목의 논문에서 이같이 분석했다.

> "1987년까지 30여년 간 시신 연구가 이어져 차량 내부의 설계변경이 이뤄졌다. 그 덕분에 매년 시신 1구당 61명이 안전벨트로 인해 생존한다. 147명이 에어백으로 인해 생존하며 68명이 앞유리 충격에서 생존한다."

하지만 이는 윤리적 문제를 던졌다. 시신은 비폭력적으로 사망한 노인 남성을 활용했다. 그러다 보니 인구통계학적 대표성이 떨어졌다. 충돌 테스트가 보편화되면서 시신도 부족해졌다.

더미는 1949년 처음 나왔다. 새뮤얼 알더슨이 개발한 시에라 샘(Sierra Sam)이다. 전투기 조종사 사출 시트를 연구할 목적이었다.

▲ THOR-50M과 THOR-5F

이후 인체에 더 가깝게 변해갔다. 1971년 하이브리드 I, 이듬해 하이브리드 II, 1976년 하이브리드 III 등 개선 모델이 이어졌다. 2013년에는 THOR 시리즈가 나왔다. 센서를 사용했다. 인간과 유사한 척추와 골반을 갖고 있었다.

2021년 메르세데스-벤츠는 가드의 방탄 성능 실험에 최신 더미를 활용했다. 생체더미 프리머스(Primus)다. VR10 등급의 폭탄 저항성을 평가했을 때 좌석에 앉아 있었다. 방탄 평가기관들은 총탄 저항성과

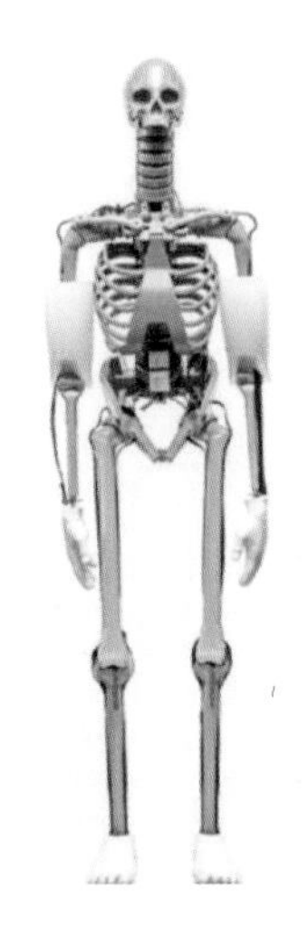

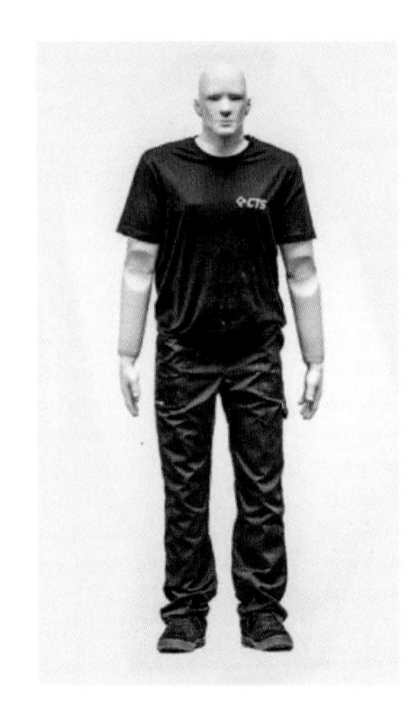

▲ 뼈와 피부를 최대한 인체에 가깝게 만든 프리머스
www.crashtest-service.com

폭탄 저항성을 구분한다.

프리머스는 산학협력의 결과물이다. 뼈는 **에폭시 레진 알루미늄 파우더**로 만들었다. 42개의 뼈가 있다. 성인의 뼈 206개의 20%다.

인대와 힘줄은 프로필렌을 활용했다. 조직과 내부 장기는 실리콘과 아크릴이다. 제법 비싸다. 기본 가격은 3만 유로에서 시작한다.

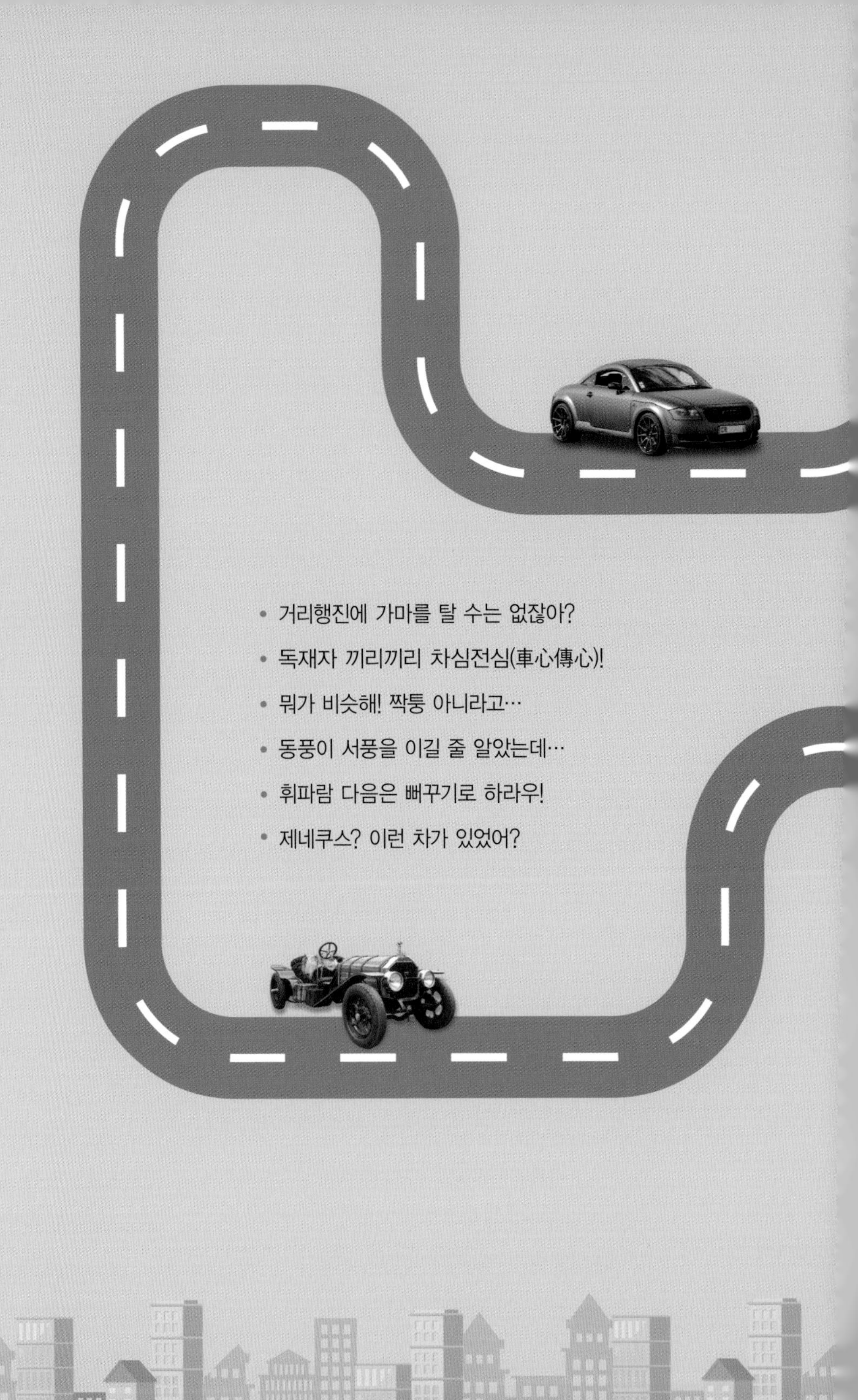

- 거리행진에 가마를 탈 수는 없잖아?
- 독재자 끼리끼리 차심전심(車心傳心)!
- 뭐가 비슷해! 짝퉁 아니라고…
- 동풍이 서풍을 이길 줄 알았는데…
- 휘파람 다음은 뻐꾸기로 하라우!
- 제네쿠스? 이런 차가 있었어?

자동차 선진국 면은 서야지!

299142

거리행진에 가마를 탈 수는 없잖아?

뉘르부르크 460은 비쌌다. 찾는 이가 없었다.
메르세데스-벤츠는 이 차를 교황에게 선물했다.
생색도 내고 홍보효과도 노렸다.

제1차 세계대전이 발발하자 영국은 장갑부대를 만들기로 했다. 적의 총탄을 막으면서 기관총으로 공격한다면…. 롤스로이스(Rolls-Royce)에 요청했다.

'실버고스트'를 기반으로 했다. 수랭식 엔진의 장갑 차체 위에 7.7mm 회전식 기관총을 장착했다. 첫 인도는 1914년 12월 3일이었다. 이후 서부 전선과 중동 지역 전선에서 활약했다.

▲ 1915년 갈리폴리 전투에서 작전 중인
영국 해군항공대(RNAS)의 롤스로이스 장갑차

당시 오스만제국은 독일 편

▲ 1919년 1월 12일 열린 파리평화회의(Paris Peace Conference)에 참석한 '아라비아의 로렌스'. 그가 주장한 아랍의 독립은 받아들여지지 않았다.

에 섰다. 영국은 오스만제국을 내부에서부터 흔들기 위해 제국 아래에 억눌려 있었던 아랍 민족을 이용하기로 했다. 때마침 **아랍민족주의** 열풍이 거셌다.

영국은 이라크 지역의 지도자였던 샤리프 후세인과 접촉했다. 오스만제국이 무너지면 아랍 민족의 독립을 보장하겠으니 오스만 내전을 이끌어달라고 설득했다. 물자와 인력을 지원하겠다고 약속했다. 이에 따라 토마스 에드워드 로렌스(Thomas Edward Lawrence)를 1916년 중동 지역에 파견했다.

로렌스는 장갑차부대를 이끌고 이집트에서 펼친 오스만제국과의 전투에서 승리했다. 당시 로렌스는 **"루비보다 더 가치 있는 부대**(more valuable than rubies)"라고 말했다. 1935년 사망했는데 1962년 제작한 영화 **<아라비아의 로렌스**(Lawrence of Arabia)>로 더 큰 유명세를 얻었다.

▲ 영국 정부로부터 기증받은 장갑차를 배경으로 포즈를 취한 아일랜드 자유국 군인들
아일랜드 국립도서관

1922년 아일랜드 자유국과 아일랜드 공화국의 내전(Irish Troubles · 남북전쟁)이 터졌다. 영국 정부는 보유하고 있던 롤스로이스 장갑차 100대 중 13대를 자유국에게 기증했다.

전쟁은 방탄 장비의 성능을 입증했다. 무거운 차체를 감당할 수 있다면 민간에 적용해도 무리가 없었다. 당시만 해도 차량을 구매해 개인적으로 방탄작업을 했다.

방탄을 주문생산한 최초의 브랜드는 메르세데스-벤츠다. 1928년 생산을 시작한 직렬 8기통 뉘르부르크 460을 요청에 따라 방탄으로 제작했다. 대서양 건너 미국에서는 알 카포네가 이 해에 방탄차를 탔다. 캐딜락을 구입해 방탄을 입혔다.

뉘르부르크 460은 비쌌다. 찾는 이도 없었다. 다른 모델을 구입해 필요한 만큼 방탄을 입힐 수 있었으니까.

메르세데스-벤츠는 1930년 11월 11일 교황 비오 11세(Pius XI)에게

▲ 메르세데스-벤츠가 비오 11세에게 선물한 방탄 뉘르부르크 460.
바티칸박물관

▶ 당시 교황의 상징색인 크림슨(Crimson · 핏빛) 좌석 하나만 두었다.
바티칸박물관

선물했다. 날짜를 '11'로 일부러 맞췄는데 생색도 내고 홍보도 하는 일석이조(一石二鳥)를 노린 것으로 추정한다. 비오 11세는 어떤 교황보다 외부 활동이 활발했다.

비오 11세는 제1차 세계대전과 제2차 세계대전 사이(1922~1939년) 재임했다. 불안한 베르사유 체제 시기다. 교황은 유럽의 어수선한 정세를 틈타 과거의 주권을 되찾길 원했다. 유럽의 나라들과 협정을 맺는 데 주력했고 18건의 협정을 체결했다.

비토리오 에마누엘레 2세는 사르데냐-피에몬테의 마지막 왕이자 통일 이탈리아의 초대 국왕이다. 1861년 시칠리아와 나폴리, 베네치아 등을 차례로 정복했다. 1870년에는 로마를 획득하면서 교황청이 갖고 있던 나머지 땅도 빼앗아버렸다.

당시 교황 비오 9세와 땅을 다 가져간 이탈리아 왕의 사이가 좋을 리 없었다. 이후 교황청과 이탈리아는 줄곧 대립했다. 그럼에도 1878년 에마누엘레 2세가 죽자 비오 9세는 로마 판테온에 유해를 매장하는 것을 허용했다.

비오 11세는 이탈리아와의 앙금을 풀기를 원했다. 협상을 제안했다. 파트너 베니토 무솔리니도 권력 기반을 다지기 위해 타협이 이득이라고 판단했다. 한꺼번에 이탈리아와의 관계를 정리할 묘수를 찾았다. 그 결과물이 1929년 라테라노 조약이다.

▲ 바티칸 시국

바티칸은 로마에 둘러싸인 내륙국이다. 전 세계 가톨릭 주교단의 단장인 교황이 국가 원수다. 1984년 국가 전체가 유네스코 세계유산으로 지정되었다. 면적 0.44km²로 지구에서 가장 작은 국가다. 동시에 출산율도 가장 낮다. '0'명이다. 인구 구성원이 모두 결혼이 금지된 주교, 신부, 수사, 수녀들이다.

교황청은 교황령 시절의 영토에 대한 주권을 포기했다. 그 대신 이탈리아로부터 바티칸 시국의 지위를 보장받았다. 이탈리아는 가톨릭을 국교로 공식 인정했다. 성직자는 정치에 일절 관여하지 않는다는 조건이 붙었다.

교황청이라고 표기하지만 바티칸 스스로 성좌(聖座 · Sancta Sedes · Holy See)를 대외 공식 국가명으로 쓴다.

성 베드로 광장은 하늘에서 바라보면 열쇠 구멍 모양으로 만들어졌다. 베드로의 상징물이 '천국 문의 열쇠'다.

성 베드로 광장은 이탈리아 바로크의 거장 지안 로렌조 베르니니가 1656년 디자인해 1667년 완공했다. 광장의 오벨리스크는 로마의 3대 황제 칼리굴라가 이집트에서 가져왔다.

비오 11세 이후 바티칸은 방탄차를 공식 의전차로 사용했다. 번호판은 'SCV'로 시작한다. 바티칸 시국의 라틴어 Status Civitatis Vaticanae의 약자다.

요한 23세의 의전차는 '300d 랜들럿'이었다. 고령이었던 요한 23세를 위해 오르내리기 편하도록 발판을 따로 마련했다. 이 모델은 '메르세데스 아데나워'로도 불렸다. 독일 총리였던 콘라트 아데나워의 퍼레이드카였다.

교황은 1000년 이상 의전가마를 탔다. 성 베드로 대성당에서 열리는 예식을 오갈 때 타는 것이 관례였다. 세디아 게스타토리아(Sedia

▲ 요한 23세(1958~1963년)는 메르세데스-벤츠의 방탄 300d 랜들럿 모델을 탔다.

Gestatoria), 라틴어로 '이동용 의자'다. 빨간 제복을 입은 12명의 호위병들이 가마를 들었다.

▲ 비오 7세(1800~1823)의 세디아 게스타토리아

교황이 국빈 방문하는 국가가 늘어났다. 수백만 명의 신자들이 몰렸다. 거리행진에는 자동차가 있어야 했다. 교황(Pope)의 자동차(Automobile) 포프모빌(Popemobile)이 현지에서는 세디아 게스타토리아를 대신했다.

퍼레이드용 포프모빌을 처음 사용한 교황은 요한 바오로 2세(John Paul II)다. 1979년 6월 고국 폴란드를 방문했을 때다. 현지 브랜드 FSC 스타(FSC Star)의 소형 트럭 '660'을 개조했다. 1980년 메르세

▲ 성 베드로 광장에서 피격된 요한 바오로 2세. 이후 포프모빌 피아트 1107 누오바 캄파뇰라에 방탄을 입혔다.
바티칸박물관

데스-벤츠는 G-Class를 제공하면서 신자들이 잘 볼 수 있도록 교황이 앉는 의자를 높였다.

1981년 5월 13일 연설을 위해 성 베드로 광장에 입장한 요한 바오로 2세를 메흐메트 알리 아자(Mehmet Ali Ağca)가 저격했다. 브라우닝 9mm 반자동 권총을 사용했다. 교황은 복부에 총을 맞았다. 5시간여 수술 끝에 극적으로 회복했다. 아자는 체포되어 종신형을 선고받았다.

1983년 크리스마스 이틀 후 요한 바오로 2세가 감옥에 있는 아자를 찾아가 용서했다. 저격의 배후가 소련이라는 말이 많았지만 밝혀진 것은 없다.

교황은 2002년 5월 불가리아를 방문했을 때 **"소련 지도부는 저격과 관련이 없다"**라고 밝혔다. 하지만 비서였던 스타니슬라프 지위스 추기경은 저서 『캐롤과 함께하는 삶』에서 **"교황은 개인적으로 소련이 공격 배후에 있다고 확신했다"**라고 주장했다.

방문국의 브랜드가 포프모빌을 제공한다. 브랜드가 없는 국가에서는

▲ 2015년 9월 미국 방문 당시 '지프'가 포프모빌을 제공했다.
바티칸박물관

현지 공장을 가진 브랜드가 만들었다.

2013년 선출된 226대 교황 프란치스코는 방탄 포프모빌을 타지 않겠다고 선언했다. 교황은 경호에 개의치 않았다. **"내 나이쯤 되면 잃을 것도 없습니다. 어떤 일이 일어날지는 하느님께 달려 있습니다."**

프란치스코는 2016년 3월 19일 인스타그램 계정을 만들었다. SNS에 등장한 최초의 교황이다. 계정을 만든 지 12시간도 되지 않아 팔로워 100만 명을 돌파했다. 최단기간 팔로워 기록이다.

2014년 8월 방한 당시 세 종류의 포프모빌을 탔다. 현대 싼타페와 기아 카니발은 퍼레이드용, 2세대 쏘울 2대는 의전용이었다. 교황은 방한 전부터 **"가장 작은 급의 한국 차를 타고 싶다"**라고 했다. 이 싼타페와 카니발, 쏘울은 이후 바티칸으로 공수해 교황청에서 사용하고 있다.

◀ 카니발 오픈형 포프모빌

▶ 쏘울 포프모빌

독재자 끼리끼리 차심전심(車心傳心)!

W150 모델을 다른 국가 지도자들도 탔다.
히틀러가 선물했다. 이들의 공통점이 있다.
모두 독재자들이다. 그래서 '악마의 메르세데스'로 불린다.

아돌프 히틀러는 1920년 자신의 첫 차를 샀다. 독일 셀브(Selve)의 녹색 'Selve 6/20'이었다. 독일노동당의 당권을 거머쥔 이듬해부터는 운전대를 잡지 않았다. 후원자들이 메르세데스-벤츠와 운전기사를 지원했기 때문이다. 히틀러가 벤츠 마니아가 된 계기였다.

▲ 히틀러가 구입한 1920년형 셀브 6/20 모델

셀브(Walther von Selve)는 1919년 하노버 인근 하멜른의 북독일자동차공장을 인수했다. 셀브로 사명을 바꾸고 20마력부터 50마력까지

▲ 1933년 5월 1일 베를린에서 '메이데이 경축 퍼레이드'를 하는 파울 폰 힌덴부르크 대통령(왼쪽)과 아돌프 히틀러
독일연방기록보관소

9종의 모델을 생산했다.

히틀러의 Selve 6/20은 4기통으로 엔트리(Entry · 입문형) 모델이었다. 1927년부터 6기통 모델을 만들었지만 경영난으로 1929년 생산을 중단하고 1934년 역사 속으로 사라졌다.

히틀러는 1928년 독일노동당을 독일국가사회주의노동당(National-sozialistische Deutsche Arbeiterpartei)으로 바꿨다. 나치는 이 '나치오날~'을 줄여 부른 것이다.

당세가 커지면서 히틀러는 1932년 4월 대선에 출마했다. 결선투표 끝에 무소속 힌덴부르크에게 졌다. 하지만 7월 총선에서 나치가 원내 1당으로 약진하며 1933년 1월 독일국(Deutsches Reich) 총리에 올랐다.

메르세데스-벤츠는 비오 11세에게 기증했던 뉘르부르크 460보다 더 큰 럭셔리를 만들기로 했다. 1930년의 'Grosser(Grand) Mercedes 770K'다. 1938년까지 1세대(W07) 117대, 1944년까지 2세대(W150)

▲ 메르세데스-벤츠
Grosser Mercedes 770K

88대, 14년간 총 205대를 생산했다. 직렬 8기통 7.7리터급(7,665cc)으로 전장은 6m, 전폭은 2m에 달했다.

나치는 당수(黨首) 히틀러에게 770K를 제공했다. 총리가 된 후에도 히틀러는 같은 모델을 탔다. 방탄이라는 점이 달랐다. 이 모델은 나치 고위직들과 유럽의 독재자들이 고객들이어서 '악마의 메르세데스'로 불린다.

1933년 3월 총선에서 나치는 43.9%를 득표했다. 독일민족인민당과 연정을 꾸린 데 이어 수권법(授權法)을 처리했다. 비상시 행정부에게 의회의 입법권을 모두 위임하는 법률이다. 일당독재를 위해 반드시 필요했다. 법률에는 헌법을 거스르는 조항도 있었다. 이 때문에 2/3 이상이 찬성해야 했다.

나치는 총선 직전 의회 화재사건에 연루된 의혹이 있다며 독일노동당 의원 81명 전원을 체포했다. 노동당 의원들이 없는 상태에서 사회민주당을 제외한 모든 정당이 찬성표를 던졌다. 444대 94. 총리 히틀

▲ 이동 중 잠시 정차해 담소를 나누는 히틀러
독일연방기록보관소

▲ 1938년 770K(W150)를 타고 바트고데스베르크 주민들의 환호에 답하는 히틀러

러는 이제 언제든지 마음대로 법을 만들 수 있었다. 법률의 정식 명칭은 **민족과 국가의 위난을 제거하기 위한 법률**이었다.

대통령 힌덴부르크는 1934년 8월 2일 사망했다. 바로 전날 내각은 수권법에 따라 '국가원수법'을 제정했다. 대통령직을 없애고 총리가 그 권한을 가진다고 규정했다. 총리 겸 대통령, 히틀러는 **총통**이었다.

> 히틀러는 수많은 사진을 남겼다. 모두 체제 선전용이다. 의전차를 타고 유럽 전역을 돌아다니는 모습을 담았다. 비엔나 군중의 환호, 독일 시골 아이들, 차에서 졸고 있는 모습까지 선전에 활용했다.

2세대 770K는 88대를 전량 방탄으로 제작했다. 그중 46대는 오픈형 투어링카 스타일이었다. 히틀러 차량은 방탄에 특히 신경을 썼다. 유리의 두께는 40mm, 무게는 5톤이었다. 히틀러에게 제공한 W07과 W150 방탄 모델은 17대였다.

히틀러는 1937년 방탄 열차를 지시했다. 차량 모두 강철로 제작했

▲ 히틀러의 방탄 열차
독일연방기록보관소

다. 무게는 1량 당 60톤이 넘었다. 평시용과 전시용 두 대를 만들었다. 각각 15량이었고 열차 구성은 같았다. 기관차 뒤로 수하물용, 회의용, 호위용, 식당, 침실, 응접실, 참모용, 기자용 객차 등이 있었다.

1945년 4월 28일에서 29일로 넘어가는 자정 무렵 히틀러는 벙커에서 에바 브라운(Eva Braun)과 결혼식을 올렸다. 29일 오후 무솔리니가 처형되었다는 소식을 접했다. 그 직후 반려견 '블론디'에게 청산가리 알약 실험을 했다.

▲ 총통 관저에서 식사하는 에바 브라운과 히틀러

4월 30일 브라운이 청산가리 캡슐을 깨무는 것을 보고 자신의 머리에 권총 방아쇠를 당겼다. 히틀러는 죽기 직전 개인비서 트라우들 융에(Traudl Junge)에게 유언을 구술했다.

"나 자신과 내 아내는 항복과 축출의 불명예로부터 탈출하기 위해 죽음을 선택한다. 내가 국민들에게 봉사한 12년간의 여정에서 나의 가장 중요한 일상 업무가 될 이 일을 실행한 후 나의 시신이 그 자리에서 즉시 불태워지는 것이 나의 바람이다."

부관 오토 권쉐(Otto Günsche)가 두 사람의 시신을 담요에 싸 총통실 밖으로 옮겼다. 정원 구덩이에 시신을 넣은 후 휘발유를 뿌리고 불을 붙였다. 휘발유 200리터를 들이부었다. 극고온에서 숯덩이가 된 시신은 쉽게 가루가 되었다. 흙으로 덮고 삽으로 다졌다고 권쉐는 진술했다.

히틀러 사망에 대한 광범위한 조사가 있었다. 하지만 권쉐가 진술한 곳에 시신은 없었다. 11년 만에 조사보고서가 나왔다. 보고서 속 사망진단서는 '사망 추정'으로 기록했다. 끝내 시신을 찾지 못했다.

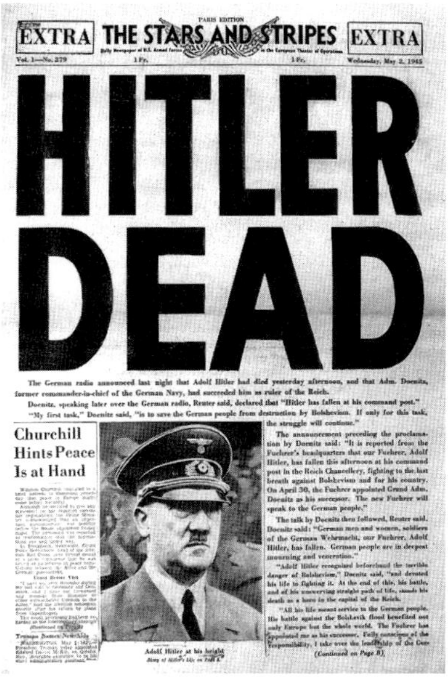
PARIS EDITION
EXTRA THE STARS AND STRIPES EXTRA
Daily Newspaper of U.S. Armed Forces in the European Theater of Operations
Vol. 1—No. 279 1 Fr. 1 Fr. Wednesday, May 2, 1945

HITLER DEAD

The German radio announced last night that Adolf Hitler had died yesterday afternoon, and that Adm. Doenitz, former commander-in-chief of the German Navy, had succeeded him as ruler of the Reich.

Doenitz, speaking later over the German radio, Reuter said, declared that "Hitler has fallen at his command post."

"My first task," Doenitz said, "is to save the German people from destruction by Bolshevism. If only for this task, the struggle will continue."

The announcement preceding the proclamation by Doenitz said: "It is reported from the Fuehrer's headquarters that our Fuehrer, Adolf Hitler, has fallen this afternoon at his command post in the Reich Chancellery, fighting to the last breath against Bolshevism and for his country. On April 30, the Fuehrer appointed Grand Adm. Doenitz as his successor. The new Fuehrer will speak to the German people."

The talk by Doenitz then followed, Reuter said. Doenitz said: "German men and women, soldiers of the German Wehrmacht, our Fuehrer, Adolf Hitler, has fallen. German people are in deepest mourning and veneration."

"Adolf Hitler recognized beforehand the terrible danger of Bolshevism," Doenitz said, "and devoted his life to fighting it. At the end of this, his battle, and of his unswerving straight path of life, stands his death as a hero in the capital of the Reich.

"All his life meant service to the German people. His battle against the Bolshevik flood benefited not only Europe but the whole world. The Fuehrer has appointed me as his successor. Fully conscious of the responsibility, I take over the leadership of the Ger-

(Continued on Page 8)

Churchill Hints Peace Is at Hand

Adolf Hitler at his height

▲ 미군 신문 'Stars and Stripes'가 1945년 5월 2일 호외로 발행한 신문 1면
Stars and Stripes

W150 모델을 다른 국가 지도자들도 탔는데 대부분 히틀러가 선물한 것이었다. 이탈리아의 베니토 무솔리니, 루마니아의 이안 안토네스쿠, 스페인의 프란시스코 프랑코, 포르투갈의 안토니우 살라자르 등이다. 모두 독재자들이다.

▲ 히로히토 일왕의 770K W07

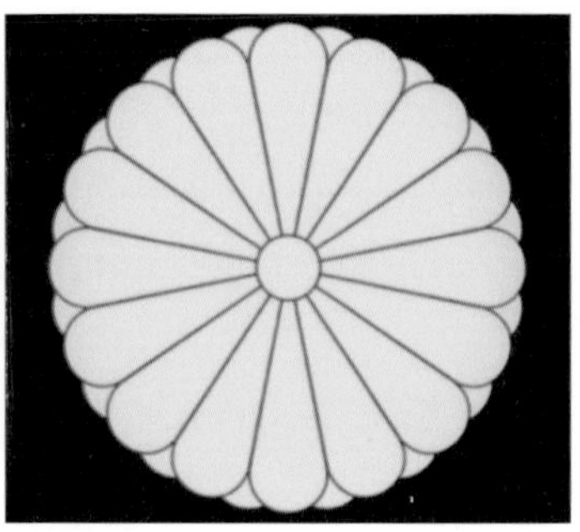

▲ 일본 왕실의 국화 문장

미치노미야 히로히토 일왕은 방탄 W07의 고객이었다. 아시아에서 방탄차를 탄 최초의 인물이다. 1935년 첫 주문 후 모두 6대의 W07을 소유했다. 곳곳을 일본 왕실의 문장으로 장식했다.

일본 왕실의 문장(紋章)은 십육엽팔중표국(十六葉八重表菊)이다. 16잎(十六葉)의 두 겹 국화(八重)를 정면에서 바라본(表菊) 모양이다. 현행 일본 상표법은 국기인 일장기 외에 국화 문장도 상표등록을 할 수 없다고 명시하고 있다.

◀ 2019년 대관식에서 나루히토 일왕이 탄 3세대 센추리 로얄

일본의 자동차산업은 1960년대 들어 급속도로 발전했다. 1965년 닛산은 왕실용으로 '프레지던트 로얄'을 납품했다. 이듬해에는 왕세자용 '프린스 로얄'을 제작했다.

1967년 토요타는 이후 일본 의전차의 대명사가 되는 '센추리'를 내놓았다. 토요타가 센추리로 모델명을 지은 것은 두 개의 100년을 기념하기 위해서다. 창업자 토요타 사키치의 탄생 100주년과 메이지유신 100주년이다. 1997년 2세대, 2018년 3세대를 공개했다.

고료샤의 차량에는 '로얄'이 곳곳에 있다. 일본 총리 차량도 같은 '방탄 센추리'이지만 '로얄'이 없다.

일본 왕실의 의전차를 고료샤(御料車)라고 부른다. 센추리 '로얄'이다. 고료샤에는 번호판 자리에 직경 10cm의 왕실 배지를 붙인다. 뒷좌석 문 중앙에도 부착한다. 차량 후드에 문장 깃발을 달기도 한다.

일본 총리는 1921년부터 의전차를 탔다. 1931년까지는 일반형 메르세데스-벤츠였다. 1932년 사이토 마코토 총리가 취임하면서 링컨

▶ 일본 총리 의전차도 왕실과 같은 토요타 센추리다.

으로 바꿨다.

총리에 대한 신변보호 필요성이 커지자 1939년 아베 노부유키 총리 때 링컨을 방탄으로 개조했다. 그런데 노부유키는 한 번 탄 후로는 타지 않았다. 유리와 차체를 방탄하느라 너무 무거워져 승차감이 엉망이었다. 노부유키는 **"탱크 같다"**라고 혹평했다. 이후 총리들은 뷰익과 크라이슬러 등 미국산 모델을 이용했다.

센추리는 렉서스의 상위 모델로 일반인도 구입할 수 있다. 다만, 토요타가 지정한 소수 매장에서만 주문할 수 있다.

뭐가 비슷해! 짝퉁 아니라고…

사실상 종신 대통령 푸틴은 자신이 탈 의전차가 러시아산(産)이기를 원했다. '다시 강해진 러시아'를 과시하려는 장치 중 하나라고 여겼다.

2018년 5월 7일 크렘린 궁에 육중한 차량이 들어섰다. 얼핏 보면 롤스로이스 팬텀 같았다. 루프 라인, 미등, 보닛…. 휠캡의 로고가 주행 중에도 움직이지 않는 플로팅 휠도 장착했다. 자세히 보니 조금 달랐다. 소송을 피할 수 있을 만큼 판테온 그릴과 일부 사양을 바꿨다.

▲ 크렘린 궁을 나서는 푸틴 러시아 대통령과 대기 중인 아우루스 세나트

블라디미르 푸틴의 네 번째 대통령 취임식은 새 의전차의 데뷔 무대였다. 아우루스 세나트(Aurus Senat). 전

장 6,900mm에 공차중량은 7,200kg에 달한다.

러시아는 세나트의 공식 제원을 공개하지 않고 있다. 포르쉐의 도움을 받은 850마력 안팎의 V12 터보차저 엔진이 9단 자동변속기와 맞물렸다고 알려졌을 뿐 정확하지 않다.

아우루스는 2018년 모스크바 모터쇼에서 민간용 세나트를 공개했다. 포르쉐와 공동개발한 4.4리터 8기통 트윈터보 엔진을 얹었다. 전장 5,631mm, 공차중량 2,700kg이다. 언제든지 원하는 수준의 방탄을 해준다. 아우루스는 금의 어원인 Aurum과 Russia를 합친 이름이다. 2018년 러시아 정부가 설립했다.

푸틴의 집무실과 관저가 있는 곳이 크렘린 궁이다. 2.4km 길이의 궁 성벽 중간중간에는 18미터짜리 탑들이 세워져 있다. 내부에는 황제의 궁전, 러시아 정교회 성당, 그리고 20세기에 세워진 행정기관들이 들어서 있다. 성벽 밖으로 붉은 광장과 성 바실리 성당이 있다.

나폴레옹은 러시아 원정이 실패로 돌아가자 모스크바를 떠나며 크렘

▲ 러시아어 '크렘린'은 '요새', '성채'라는 뜻이다. 사진은 1910년의 크렘린 궁

크렘린 궁은 1156년 처음 축성되었는데 당시는 넓지 않았다. 모스크바 대공국의 이반 3세가 권력을 강화하기 위해 대대적으로 정비하며 규모를 키웠다. 1485년부터 1495년까지 이탈리아 건축가들을 불러들여 길이 2.2km, 두께 3.5~6.5m, 높이 8~19m로 확장했다.

린 궁을 폭파할 것을 명령했다. 1812년 10월 21일부터 사흘 동안 폭발 소리가 들렸다고 한다. 이후 망가진 크렘린 궁을 1838년부터 11년간 보수와 함께 추가로 증축했다. 1960년 등재된 구 소련 최초의 세계유산이다.

2013년 푸틴은 NAMI에게 의전차 개발을 지시했다. 러시아도 오래전부터 자동차를 제작한 국가다. 푸틴은 의전차에서도 러시아의 부활을 보여주고 싶었다. 2억 달러 이상 투입했다.

2017년 말 세나트라는 결과물이 나왔다. 푸틴은 이듬해 국영기업 아우루스를 설립했다. NAMI는 현재 지분 63.5%를 보유한 아우루스의 최대 주주다.

NAMI는 1920년에 설립한 정부연구소다. 피아트의 모델들을 바탕삼아 자체 개발을 추진해 1927년 'NAMI-1'을 선보였다. 2인승 소형차로 기계적으로 사이클카 정도로 단순했지만 실패했다.

1930년 라이선스 생산한 트럭 포드-AA보다 비쌌다. 자체 개발에만

▲ 정부 산하 자동차연구소 NAMI의 첫 차 NAMI-1
www.nami.ru

▲ 1926년 모스크바 공장에서 출고를 기다리는 AMO F-15
모스크바국립역사박물관

치중한 탓에 부품 공급 단가와 생산성을 감안하지 않은 탓이다. 1931년까지 세 자릿수만 생산하고 단종했다.

러시아 자동차산업의 시작은 1916년이다. 모스크바자동차협회(AMO)가 피아트의 F-15 트럭을 라이선스 생산하기로 했다. 1917년 9월 공장을 완공했지만 만들 수 없었다. 10월 혁명 때문이다.

국유화한 AMO 공장에서 'F-15'를 본격 생산한 것은 1924년 11월 1일이다. 1931년 공장을 확장하면서 최고 지도자 스탈린의 이름을 넣어 회사명을 ZiS(Zavod Imeni Stalina)로 변경했다. 당시 AMO F-15의 개량형 AMO-3를 생산하고 있었는데 모델명도 'ZiS-5'로 바꿨다.

트럭 생산에 자신감을 가진 소련 정부는 이번에는 세단의 기술을 이전해 줄 서방 회사를 수소문했다. 최종 선택은 포드였다. 포드 설계진이 입국해 소련 니즈니 노브고로드에 공장을 지었다. 지역을 그대로 회사명으로 썼다. NAZ(Nijni Novgorod Automobilni Zavod)였다.

1930년 5월부터 포드 '모델A'의 부품을 들여와 니즈니 공장에서 세단 포드-A와 트럭 포드-AA를 생산했다. 이때의 모델A는 포드가 1903년의 초창기 모델A를 개량해 1927년 선보인 것이다. 포드는 1926년 모델T와 모델TT를 교체할 필요성이 커지자 양산하지 않았던 모델A를 재설계해 시장에 내놓았다.

소련 정부는 일부 부품에서 국산화를 이루자 1932년 1월 1일부터 포드 대신 NAZ를 모델명에 넣었다. 1932년 10월 니즈니가 고르키(Gorky)로 도시 이름을 바꾸자 공장과 모델명도 이에 따랐다. GAZ-A와 GAZ-AA다.

1936년 ZiS는 세단 '101'을 출시했다. 1939년 '방탄 101E' 프로토타입도 제작했지만 생산하지는 않았다. 전쟁이 났기 때문이다. 스탈린은 1937년형 미국산 패커드를 의전차로 탔다.

전쟁이 끝나고 ZiS가 세단 '110'을 개발했다. 스탈린은 이를 기반으로 32대를 제작한 '방탄 115'를 의전차로 삼았다. 방탄유리의 두께는 80mm였다. 공차중량은 4톤이 넘었다.

스탈린은 암살에 편집증을 보였다. 뒷좌석 가운데 자리, 항상 좌우

◀ 1936년 ZiS-101을 살펴보는 스탈린

◀ 복원한 스탈린의 ZiS-115

로 두 명의 무장 경호원을 앉혔다. 이틀 연속 같은 115에 탄 적도 없었다. 모스크바 외곽 쿤체보(Kuntsevo)의 다차(Dacha · 별장)에서 크렘린궁으로 가는 출근길 경로도 수시로 바꿨다.

흐루쇼프(Nikita Khrushchev)는 스탈린 우상화 지우기 작업을 했다. 개인 숭배는 없어져야 한다는 이유에서였다. ZiS도 예외가 아니었다. 초대 공장장 이반 리하초프의 이름을 넣어 ZiL(Zavod imeni Likhachyova)로 회사명을 바꿔버렸다. 회사명은 변했지만 보리스 옐친 초반까지 ZiL은 의전차를 생산했다.

▲ 1916년형 패커드 트윈-6를 개조한 니콜라이 2세의 하프트랙

10월 혁명의 주역 블라디미르 레닌은 권력을 오래 누리지 못했다. 1년도 지나지 않아 볼셰비키 내 반대파의 암살 타깃이 되었다. 목숨은 건졌지만 총상 후유증은 매우 심했다.

장기 요양을 위해 고르키의 별장으로 갔다. 1922년 겨울, 별장과 크렘린 궁을 오가기 위해 롤스로이스를 기반으로 하는 하프트랙(Half-track) 제작을 의뢰했다.

스노모빌과 트랙터 등으로 명맥을 잇고 있는 하프트랙을 처음 설계한 것은 프랑스 엔지니어 아돌프 케그레스였다. 1911년 니콜라이 2세의 겨울용 의전차 요청을 받고 앞타이어 자리에는 스키, 뒷타이어 자리에는 궤도를 달았다. 눈이 많은 러시아 기후를 감안한 조치였다.

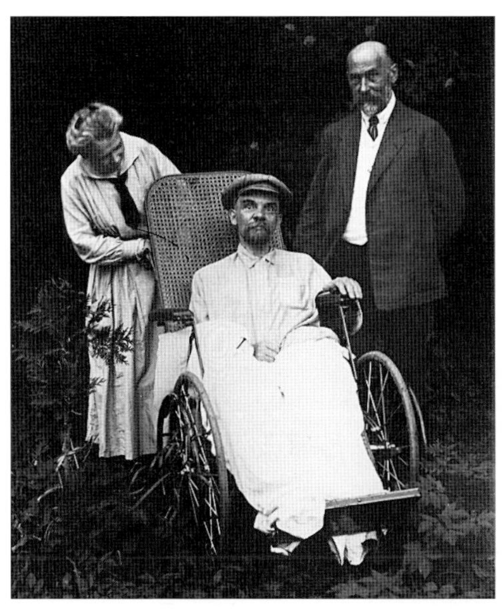

▲ 레닌의 마지막 사진 중 하나. 1923년 5월 15일 고르키에서 정원사가 촬영했다. 왼쪽은 여동생 마리아 울리야노바, 오른쪽은 신경외과 전문의 코체브니코프다.
러시아 국립정치사박물관

혁명으로 인해 프랑스로 귀국한 후에는 시트로엥에 입사했다. 이때 화물트럭인 '시트로엥-케그레스 P17'을 제작했다. 시트로엥은 사하라 횡단에 제대로 활용했다. 프랑스에서 지내던 케그레스는 레닌의 요청을 받고 기꺼이 롤스로이스를 개조했다.

레닌은 **볼셰비키**였지만 값비싼 자동차와 집을 좋아했다. 크렘린 궁에 레닌이 처음 들어갔을 때 겨울용 하프트랙을 포함해 니콜라이 2세의 롤스로이스가 최소 5대 있었다. 그런데도 레닌은 미국산 뷰익과 최소 3대의 롤스로이스를 추가 주문했다.

레닌이 구입한 롤스로이스 가격은 대당 1,850파운드였다. 소련 정부가 롤스로이스로부터 전투기 엔진을 구매해주는 대가로 15% 할인을 받았다고 한다.

레닌은 총상 후유증을 극복하지 못하고 1924년 1월 사망했다. 스탈린은 레닌의 시신을 엠버밍(보존처리 · Embalming)했다. 훼손된 시신을 복원 처리하는 과정을 거쳤다. 시신의 피를 빼내고 혈관에 포르말린을 채워 넣었다.

▲ 엠버밍을 거친 레닌의 시신은 영묘에 전시 중이다.

시신은 이후 붉은 광장 레닌 영묘에 전시했다. 스탈린 시신도 처음에는 엠버밍했지만 흐루쇼프의 격하운동으로 화장한 후 크렘린 벽 묘지에 안장했다.

아우루스 세나트 외에도 아직 최소 4대의 다른 브랜드 의전차가 크렘린 궁 차고에 있다. 두 대의 ZiL은 방탄 능력은 우수했지만 차량 자체의 성능이 너무 뒤떨어졌다. 옐친과 메드베데프는 메르세데스-벤츠의 풀만 가드를 의전차로 썼다.

동풍이 서풍을 이길 줄 알았는데…

제대로 현실을 깨달았다.
대약진운동과 문화대혁명을 거친 1978년의 중국 기술력은 '바닥'이었다. 지난 18년 동안 단 한 발도 나아가지 못했다.

1953년은 중국 5개년 계획의 첫 해다. 중국 공산당은 경제·사회적으로 서방을 빨리 따라잡고 싶었다. 자동차 분야도 빠지지 않았다. 소련의 지원을 받기로 하고 창춘에 공장을 지었다. 이름 그대로 중국 최초의 자동차 공장 FAW(First Automobile Works)다. 소련 ZiS-150 트럭의 기술과 장비를 제공받았다.

▲ 1956년 7월 FAW가 생산한 중국 최초의 자동차 Jiefang CA-10

3년이 지나 중국 최초의 자동차가 나왔다. 인민해방(Jiefang)군의 트럭(Cargo) 'Jiefang CA-10'이다. 1982

년까지 100만 대를 생산했다.

말 타면 종 부리고 싶은 법. 마오쩌둥이 트럭을 처음 본 후 한 말은 이랬다. **"언젠가 우리가 중국산 세단을 타고 회의에 참석할 수 있으면 좋겠다."**

> 소련은 중국 이외의 나라에도 생산 장비와 기술을 지원했다. 루마니아는 1954년부터 1960년까지 브라소프 공장에서 'Steagul Rosu(Red Flag) SR-101'을 생산했다. 북한도 최소한 한 대의 '천리마' 프로토타입을 제작했지만 양산하지는 않았다.

마오쩌둥은 1949년 스탈린으로부터 선물받은 ZiS-115를 의전차로 썼다. 중국산 세단에 대한 열망이 강할 수밖에 없었다. FAW 창춘 공장의 다음 수순은 당연히 하명 세단이었다. 중역용과 지도자용을 구분해 개발했다.

FAW는 각국의 세단 정보를 끌어모았다. 중역용으로 프랑스 심카(Simca)의 '비데트(Vedette)'를 선택했다. 비데트는 당시 메르세데스-벤츠의 4기통 엔진을 장착하고 있었다. FAW는 엔진을 모두 해체해 분석하는 리버싱을 했다.

1958년 5월 프로토타입을 선보였다. 중국 최초의 세단인 둥펑(東

▲ 중역용 둥펑 CA71(왼쪽)과 지도자용 리무진 홍치 CA72
www.faw.com

風 · Dongfeng) 'CA71'이다. 둥펑은 **"동풍**(동양)**이 서풍**(서양)**을 이길 것"**이라는 마오쩌둥의 1957년 모스크바 연설에서 따왔다. 1961년까지 30대를 제작했다. 전장 4,560mm의 중형 세단이었다.

중국 공산당은 1959년부터는 지도자용 리무진 생산을 독려했다. FAW는 크라이슬러 임페리얼을 대놓고 베꼈다. 8기통 엔진까지. 전장은 5,740mm에 달했다. 테스트를 거쳐 프로토타입을 석 달 후 내놓았고 1959년 8월 생산을 시작했다. 홍치(紅旗 · Hongqi) 'CA72'다.

당의 상징인 붉은 깃발을 모델명으로 썼다. 한자로 붉은 '홍치' 글씨 로고는 마오쩌둥의 친필이다. 둥펑 CA71과 홍치 CA72는 1차 5개년 계획의 성과물이자 2차 5개년 계획 대약진운동의 명분이었다.

중국은 가난한 농업사회였다. 대약진운동은 이를 벗어나 부강한 사회주의 산업국가를 만들자는 것이었다. 당장 자본이 없었다. 농민이

▲ 1958년 제사해운동 포스터(왼쪽). 1960년 포스터에는 박멸해야 하는 해로운 네 가지(四害) 중 참새가 바퀴벌레로 바뀌었다

농업생산량을 늘려 자본을 만들어야 했다. 마오쩌둥은 이를 위해 몇 가지를 제시했다. 제사해운동(除四害運動)과 집단농장, 그리고 토법고로(土法高爐 · 전통 기술로 만든 소형 용광로)다.

제사해운동은 **들쥐, 파리, 모기, 참새**를 없애자는 것이다. 우선 곡물 도둑들부터 퇴치하자는 심산이었다. 그런데 참새가 해롭기만 한가. 참새가 사실상 멸종하자 메뚜기떼와 병충해가 창궐했다. 1960년에야 당 지도부는 참새가 해충을 잡아먹는다는 사실을 깨달았다. 사해(四害)에서 슬그머니 참새를 빼고 **바퀴벌레**를 넣었다.

집 뒤뜰에는 토법고로를 지어 강철을 생산하게 했다. 거대한 제철시설 없이도 철강부국이 될 것이라고 생각했다. 강철 제조에는 엄청난 기술과 지식이 필요하다. 이를 깡그리 무시하고 농민들에게 대장장이 역할도 하라는 '억지춘향'이었으니 여기서 나온 철이 제대로 만든 것이었을까? 불순물이 가득한 잡철이었다. 잡철 농기구는 부러지고 휘고 엉망이었다. 강철도 망(亡), 농사도 망(亡), 죽도 밥도 아니었다.

▲ 마을마다 수십 개씩 만들었던 토법고로

중국 공산당은 집단농장을 추진하며 농민들을 인민공사 회원으로 등록시켰다. 사유재산 대부분을 몰수했다. 토지와 농장, 도구와 가축까지 가져갔다. 엄격하고 군사화된 생활방식을 요구했다.

▲ **인민공사를 통해 단체로 식사하는 모습**
중화인민공화국 10주년 기념 사진집(1949~1959년)

마오쩌둥은 **"공산주의는 공짜로 먹는 것을 의미한다"**라고 말했다. 여기에는 공동식당을 통해 식량 유통과 소비의 모든 측면을 통제할 수 있다는 계산이 깔려 있었다. 상황이 이러니 동기부여가 되지 않았다.

영국의 저널리스트이자 마오쩌둥을 연구한 필립 쇼트(Philip Short)는 실상을 이같이 전했다.

> "공식적으로 모든 사람은 이틀에 한 번씩 최소 6시간의 수면을 취해야 했지만 일부는 최대 4~5일 동안 쉬지 않고 일한 것을 자랑하기도 했다. 집단보육을 도입했고 개인별 요리를 금지했다."

이런 중국 농민사회에 해마다 가뭄 아니면 수해가 덮쳤다. 대약진운동 첫 해부터 아사자(餓死者)가 속출했다. 마오쩌둥은 4년이 지난 1962년에야 실패를 인정하고 국가주석직을 사임했다.

이 기간 동안 중국 정부가 공식 발표한 아사자만 2,158여만 명. 학계는 5,000만 명가량으로 추정한다. 4년 남짓한 제1차 세계대전 기간의 사망자가 2,000여만 명이다. 같은 기간 두 배 이상의 중국인이 굶어 죽었다. 처참했던 대약진운동은 **인류 역사상 가장 거대한 규모의 원시공산주의 실험**으로 평가받고 있다.

▲ 1966년 11월 베이징에서 홍위병들과 함께한 마오쩌둥. 오른쪽은 린뱌오 국방장관
인민화보(1966년 11-12호)

마오쩌둥은 대약진운동 실패로 불안해진 권력을 다잡으려고 대대적인 사상운동을 벌였다. 1966년의 문화대혁명이다. 부르주아적인 것을 공격하고 혁명성을 점검했다. 경제와 사회 안정을 내팽개치고 사상 검증에만 목을 맸다.

홍위병은 오래된 관습·문화·습관·사상을 버려야 한다며 수많은 문화유산을 파괴하는 만행을 저질렀다. 공자 묘지와 영락제 동상 등이 이때 사라졌다. 제대로 된 정책이 나올 리 없었다. 이 시기 중국의 산업생산은 해마다 하락했다.

중국의 대표 포탈 바이두 백과사전에서도 문화대혁명만큼은 적나라하게 비판하고 있다.

> "지도자들의 실수로 발발하고 반혁명세력이 착취해 당에 심각한 재앙을 안겨준 내전이었다", "국가와 모든 민족이 극도로 고통스러운 교훈을 남겼다."

◀ 1959년 베이징 회동.
왼쪽부터 소련 니키타 흐루쇼프, 마오쩌둥, 베트남 호치민, 쑹칭링
중화인민공화국 10주년 기념 사진집(1949~1959년)

이 **내전**은 1976년 마오쩌둥의 사망으로 막을 내렸다. 그의 사후 공산당의 여성 원로 쑹칭링이 임시직이자 명예직인 국가주석을 맡았다.

쑹칭링은 중화민국 초대 임시 대총통 쑨원의 부인이다. 1925년 쑨원 사망 이후 국민당 중앙집행위원이었다. 국민당 내 진보세력을 이끌다가 1945년 공산당으로 전향했다.

쑹칭링은 중국 현대사의 핵심 인물들과 결혼한 쑹씨 세 자매 중 둘째다. 첫째 아이링은 부유한 은행가 쿵샹시와 결혼했고 막내 메이링은 국민당 장제스와 결혼했다.
메이링은 공산당과의 싸움에서 패한 국민당 정부를 따라 타이완으로 이주했다. 장제스가 죽은 지 3년 후인 1978년 미국으로 이주해 현지에서 생을 마감했다. 두 자매는 평생 연락조차 하지 않고 살았다.

▲ **실제 쑹씨 세 자매(위). 아래는 이들을 다룬 1997년 영화 〈송가황조**(宋家皇朝·The Soong Sisters)**〉의 양자경**(첫째 쑹아이링 역), **장만옥**(둘째 쑹칭링 역), **오군매**(셋째 쑹메이링 역)
오렌지 스카이 골든 하베스트

◀ CA770의 방탄 모델 CA772
www.faw.com

홍치 CA72는 이후 30여년 동안 변한 게 거의 없다. 1965년의 CA770도 외부 디자인만 약간 바꿨을 뿐이다. 방탄으로 개발한 것은 1969년이다.

중앙보안국이 CA772 개발을 주도했다. 방탄유리의 두께는 65mm였다. 1972년까지 15대를 제작했다. 그중 3대를 북한과 베트남, 캄보디아에 수출했다.

1978년 CA774 개발에 나서면서 FAW에 제대로 **현타**가 왔다. 대약진운동과 문화대혁명을 거친 중국의 기술력은 형편없었다. 서방 자동차업체에게 협력을 요청하기가 민망할 정도로 저급했다. 대약진운동 이후 잃어버린 18년(1958~1976년)은 그만큼의 퇴행을 의미했다.

1981년 5월 『인민일보』는 '홍치' 생산 중단을 보도했다. 기술력을 담보할 수 있을 때까지 의전차를 수입하기로 했다. 1984년 국가 의전차로 독일 브랜드를 들여왔다. FAW는 이후 의전차 대신 폭스바겐, 도요타 등과 협력해 대중차 시장에 진출했다.

2009년 건국 60주년을 맞아 대규모 인민군 열병식을 계획했다. FAW는 예전 CA770을 바탕으로 퍼레이드용 'CA7200L'을 급히 제작

▲ 2019년 건국 70주년 기념식에서 인민해방군을 사열 중인 시진핑
2022년 홍콩 방문 당시의 의전차 N701

했다. 동시에 중국 정부는 이참에 의전차를 완전히 새로 개발하기로 결정했다.

기준은 '캐딜락 원'이었다. 그렇게 탄생한 것이 '홍치 L5'다. 2014년 11월 시진핑 주석이 뉴질랜드를 국빈 방문할 때 공수해 갔다.

FAW는 홍치 L5를 기반으로 현대적인 스타일을 새로 내놨다. 2018년 시 주석이 르완다를 국빈 방문했을 때 데뷔한 N501이다. 현재의 의전차는 이를 다시 업그레이드한 N701이다. 2022년 홍콩 방문 때 처음 공개했다.

휘파람 다음은 뻐꾸기로 하라우!

하노이 회담 당시 현지에 두 대의 차량을 가져갔다.
그중 한 대의 밀수 경로가 최근 드러났다.
8개월 동안 항구 6곳을 옮겨다녔다.

2018년 4월 27일 전 세계의 이목이 판문점에 쏠렸다. 남측 평화의 집에서 열린 3차 남북정상회담. 시시각각 쏟아지는 속보들 틈에서도 독특하게 이목을 끄는 것이 있었다. 북한 김정은 국무위원장의 의전차와 경호원이었다.

▲ 의전차 주변을 V자 형태로 경호하는 12명의 요원들

메르세데스-벤츠 S600 풀만 가드를 12명의 경호원들이 'V'자 형태로 에워쌌다. 이동하는 차량 속도에 맞춰 뛰었다. '러닝 경호'에도 흐트러짐이 없었다. 노동당 조

▲ 의전차의 뒷좌석 문양

직지도부 소속 974부대원들로 최고의 인간 방패들이다. 이들은 고위층 집안 출신들로 엄격한 신원조사를 통과한 후 만들어진다.

의전차 뒷문에는 황금색 마크가 붙어 있다. **백두산 수풍댐 철탑 벼** 문양 아래 '조선민주주의인민공화국 국무위원장'이 새겨져 있다. 김정은의 자동차임을 보여주기에 다른 뭐가 필요한가. 이 판문점 의전차는 2015년 구입했다.

김정은의 의전차 목록에는 SUV도 있다. 지난 1월 15일 조선중앙TV가 방영한 기록영화 <위대한 전환, 승리와 변혁의 2023년>에 등장한다. 메르세데스-마이바흐 GLS 600에서 내리는 장면이 담겼다.

김정은은 벤츠 G바겐도 갖고 있다. 2020년 8월 수해 현장 시찰 당시에는 렉서스 LX570을 타고 갔다. 도로 사정이 나은 평양에서는 세단, 지방 방문 때는 SUV를 선호하는 것으로 알려졌다.

김정은의 의전차는 유엔 대북제재 위반이다. 북한 내로 들어가면 안 되는 사치품에 해당한다. 유엔 안전보장이사회는 2006년 사치품 제재를 결의했고 2013년 사치품에 호화 자동차를 포함한다고 명시했다. 2018년 9월 18일 남북 정상이 평양 카퍼레이드 당시 탑승했던 퍼

◀ 메르세데스-마이바흐 GLS 600
『조선중앙통신』

▶ 렉서스 LX570
『조선중앙통신』

레이드용 메르세데스-벤츠 S600 풀만 가드도 마찬가지다.

2019년 2월 27일 하노이 북미 정상회담 당시 김정은은 마이바흐62와 메르세데스-벤츠 S600 풀만 가드 두 대를 가져갔다. 그중 마이바흐62의 북한 밀반입 경로가 밝혀졌다. 어떻게 북한에 가져갔을까?

◀ 김정은이 하노이에 가져간 마이바흐62
『스푸트니크통신』

▲ 2024년 6월 19일 평양에서 푸틴이 김정은에게 아우루스를 선물하고 있다.
『스푸트니크통신』

오랜 기간 여러 항구를 돌아다니며 **세탁**했다. 마이바흐62를 구입한 것은 2018년 2월 이탈리아에서였다. 네덜란드 암스테르담을 거쳐 중국 다롄에서 수취인을 여러 번 바꿨다. 일본 오사카를 경유해 부산항에 머물며 토고 국적의 화물선으로 갈아탔다. 이후 러시아 나홋카로 향했고 10월 평양으로 들어갔다.

장장 8개월 동안 바다 위에 떠돌며 확실한 때를 기다린 것이다. 이 과정에서 시젯 인터내셔널과 ZM 인터내셔널, 중국인 마위눙(Ma Yunong)이 역할을 한 것으로 드러나 제재 대상에 올랐다.

2024년 김정은은 의전차 목록에 한 대를 추가했다. 푸틴이 아우루스 세나트를 선물했다.

2011년 북한 김정일 국방위원장이 사망했을 때 링컨 컨티넨탈 5세대 리무진이 시신을 운구했다. 링컨이 1970년부터 1979년까지 생산했는데 조금씩 외관 변화를 주었다. 어떤 경로로 북한에 들어갔는지는 알려지지 않았다. 북한은 일본의 자동차 딜러를 통해 수입했다고

▲ 김정일의 시신을 운구한 차량은 5세대 링컨 컨티넨탈이다.
『노동신문』

주장한다.

김정은의 의전차를 제외한 모든 차량들은 번호판을 달아야 한다. 1947년 2월 북조선인민위원회를 구성했을 때부터다. 현재의 번호판 체계는 중국 방식을 원용해 2016년에 바꾼 것이다.

기본형은 파란 바탕에 흰색 글씨다. 숫자 다섯 자가 들어가는데 중간에 하이픈(-)이 아니라 가운데 점 '·'을 쓴다. 개인 승용차는 노란 바탕에 흰색 글씨다.

'평양 15·421', '함북 33·968' 등으로 지역명을 표기한다. 북한에는 1개의 직할시(평양), 3개의 특별시(라선, 남포, 개성), 9개의 도(평남, 평북, 자강, 황남, 황북, 강원, 함남, 함북, 양강)가 있다.

북한은 자동차를 독자 생산할 여력이 없다. 그렇다고 생산을 아예 하지 않는 것은 아니다. 철 지난 해외 브랜드의 세단과 트럭 등을 라이선스 생산한다.

북한 최초의 자동차 생산은 1958년이다. 체코슬로바키아의 지원

▲ 1958년 공장에서 처음 출고하는 승리-58
『노동신문』

으로 평양 북동쪽 대동강 상류 덕천에 덕천자동차공장을 지었다. 여기서 소련의 트럭 GAZ-51을 복제해 승리-58로 이름붙였다. 첫 출고 때 김일성 주석의 사진을 1호차에 내걸었다.

덕천자동차공장은 북한 자동차의 80% 이상을 책임졌고 책임지고 있다. 1959년 10월 이후 승리-58의 파생형 트럭 '자주호', '갱생호', '집산호', '태백산' 등을 생산했다. 마이크로버스인 '충성호'와 버스인 '천리마호'도 이곳에서 만든다. 1975년 승리자동차로 사명을 바꿨다.

▲ 북한이 자체 생산했다고 주장하는 트럭 '태백산96'. 러시아 상용차를 불법 복제했는데 앞 그릴 위 카마즈(KAMAZ) 상호를 떼지도 않고 그대로 생산했다.

북한의 자동차산업은 군수산업의 일부다. 트럭 아니면 지프형이다. 승용차는 관심 대상이 아니어서 라이선스 생산인데도 처음에는 세단을 들여오지 않았다.

일부 당 고위직들이 탈 승용차는 수입했다. 메르세데스-벤츠나 토요타였다. 1988년 메르세데스-벤츠 W201을 무단 복제했는데 수준이 형편없었다고 한다. 폭스바겐 파사트를 복제해 '자주'를 만들었다는데 말로만 전해진다.

▲ 평화자동차가 2002년부터 생산한 휘파람

▶ 2004년부터 생산한 뻐꾸기

'휘파람'과 '뻐꾸기'라는 모델명은 당시 김정일이 붙였다. 북한에서 휘파람과 뻐꾸기는 연인들을 의미한다. 집 근처에 가 휘파람을 불거나 뻐꾸기 소리를 내는 것이 만나자는 신호다. 2004년 뻐꾸기 출시 당시 사진을 보여줬더니 "휘파람 다음에는 뻐꾸기로 하라우"라고 말했다고 한다.

1998년 통일교가 자동차로 평양을 뚫었다. 2000년 남포시에 설립한 평화자동차(Pyeonghwa Motors)다. 북한 련봉(Ryonbong General Corp)과의 합작투자였다.

평화는 피아트 등의 라이선스로 2002년부터 승용차, 미니밴, SUV 등을 제작했다. 휘파람은 피아트의 세단 시에나, 뻐꾸기는 피아트의 소형상용차 도블로가 그 기반이다. 어쨌든 북한에서 세단을 만든 북한산(産) 세단의 시작이다.

하지만 시장은 반응하지 않았다. 아니, 반응할 수가 없었다. 가격은 1만 달러부터 시작했다. 당시 북한 주민의 연평균 소득은 1,300달러 정도였다. 소수의 북한 엘리트 집단도 접근하기 힘들었다.

북한 주민들은 자동차를 구입할 수 없었다. 10년 동안 안 먹고 안 쓰고 꼬박 모아야 소형차 한 대를 살 수 있었으니까.

수요가 없으니 많이 만들 수도 없었다. 연간 1만 대를 생산할 수 있는 공장에서 2003년 만든 차량은 314대에 불과했다.

◀ 잡지 『대외무역』에 실린 평화자동차 '준마' 광고

2006년 여름 북한 잡지 『대외무역』에 광고가 실렸다. 평화의 새 고급차 '준마'인데 그냥 '쌍용 체어맨'이다. 2007년부터 2009년까지 체어맨을 반조립 상태로 들여와 조립했다.

체어맨은 메르세데스-벤츠의 이전 세대 E-클래스 디자인을 기반으로 했다. 그나마 준마가 조금 팔려나간 것은 이 때문이다. 김정은과 북한 고위직들의 최애 브랜드가 메르세데스-벤츠다.

평화는 2012년 북한에서 완전히 발을 뺐다. 적자가 쌓여가던 차에 교주 문선명이 사망했다. 당시 갖고 있던 지분 70%를 모두 북한에게 넘겼다. 북한의 평화자동차는 2013년부터 폭스바겐, FAW, 토요타, 닛산 등의 모델을 라이선스 생산하고 있다.

승리나 평화 등 북한의 자동차 공장을 최대한 가동하면 연간 3만 대가량 생산할 것으로 추정한다. 하지만 실제 생산량은 2,000~3,000대 수준이다. 통계청에 따르면 북한은 2018년 2,600여 대, 2019년 2,400여 대, 2020년 2,500여 대, 2021년 2,300여 대를 생산했다. 설비가 열악하고 전력공급이 자주 끊겨 공장 가동에 지장을 주는 경

◀ 승리자동차 공장 내부

우가 잦다.

북한의 자동차 수가 가장 많았던 해는 2017년이다. 등록 기준으로 29만 2,000여 대였다. 2021년에는 25만 3,000대로 줄었다. 2021년 북한 인구 2,597만여 명을 감안하면 자동차 보급률은 1,000명당 9.7대다.

아이티(1,000명당 11대), 에티오피아(1,000명당 10대)와 비슷하다. 현재 북한보다 자동차 보급률이 확실히 낮은 나라는 소말리아(1,000명당 5대), 콩고공화국, 중앙아프리카공화국, 수단(각각 1,000명당 4대) 4개국 정도다.

북한에서는 운전면허를 따는 것도 쉽지 않다. 먼저 노동당의 추천을 받아야 한다. 시·도에 1곳씩 운전원 양성소가 있다. 여기서 1년간 배워야 한다. 면허시험은 1년에 두 번으로 4월과 9월이다. 4급부터 1급까지 있으며 1급은 설계와 정비까지 해내는 수준이다. 이런 이유로 북한의 운전면허 보유자는 전문직 대우를 받는다. 이렇게 면허 따기가 쉽지 않아 지방에는 무면허 운전이 많다.

제네쿠스? 이런 차가 있었어?

전 세계에서 의전차를 자체 생산하는 국가는 손가락으로 꼽을 정도다. 방탄작업은 외부 전문업체를 활용하는 대한민국을 포함해…

2009년 9월 28일 청와대로 차량 세 대가 조용히 들어갔다. 똑같은 사양의 검은색 차량이었다. 이 똑같은 사양 중에는 방탄도 포함되어 있었다.

2세대 에쿠스는 현대차가 처음 독자 개발한 대형 세단이다. 후륜구동 플랫폼과 파워트레인까지 당시 현대의 기술력을 집약했다. 의전차를 제작한 것은 기술에 대한 자신감의 표현이었다. 2013년 서울모터쇼에 명품

▲ 2009년 10월 일반에게 공개된 국산 1호 대통령 의전차 2세대 에쿠스 리무진
청와대

브랜드 에르메스와 협업한 'Equus by Hermes'를 내놓기도 했다.

현대차가 제작해 기증한 2세대 에쿠스 리무진. 방탄 의전차의 국산 시대를 연 첫 모델이다. 주요 자동차 제조국으로서의 체면도 살렸다.

현대차는 별도의 방탄 개발팀을 두지 않고 협업을 선택했다. 독일 스투프(Stoof)가 맡았다. 스투프는 1865년 마차 제작업체로 시작해 특수차량을 만들다가 방탄 전문업체로 방향을 틀었다. 150여 명의 직원들이 근무 중인 5세대 가족기업이다. 현재는 현금 수송차량 등 특수트럭이나 레인지로버 등 SUV 방탄이 주력이다.

박근혜 대통령은 취임식에서 국산 방탄차를 탄 첫 대통령이다. 청와대로 이동하는 카퍼레이드에 에쿠스 스트레치드 에디션을 이용했다. 카퍼레이드에 적합하게 지붕 중간 일부가 열린다. 이름처럼 더 길어졌다. 전장이 6,700mm에 달했다. 문재인 대통령도 이 차량으로 취임 카퍼레이드를 했다.

▲ 박근혜 대통령 취임식의 에쿠스 스트레치드 에디션
청와대 사진기자단

◀ 제네시스 GV90의 디자인을 가늠할 수 있는 '제네시스 네오룬 콘셉트'

현대차는 고급화 전략으로 새로운 브랜드를 기획했다. 기원을 뜻하는 고대 그리스어 '게네시스'에서 유래한 영어 '제네시스'로 결정했다. 세단은 제네시스의 첫 알파벳 G를 활용해 G70(소형), G80(중형), G90(대형)으로, SUV는 'V'를 추가해 GV70, GV80으로 작명했다. 제네시스는 2008년 1월 'BH' 이후 진화를 거듭해 한국산 프리미엄으로 자리매김했다. 현대차는 곧 대형 SUV GV90을 선보일 예정이다.

현대차는 2015년 3세대 에쿠스를 제네시스에 편입하기로 결정했다. 다만, 브랜드 최상위였던 에쿠스의 후속임을 홍보하기 위해 국내에서는 당분간 G90 대신 '제네시스 EQ(에쿠스)900'으로 출시했다. 소비자들은 이를 줄여 '제네쿠스 900'으로 불렀다.

▲ 제네시스 EQ900L 의전차

2017년 10월 청와대는 방탄 제네시스 EQ900L 3대를 대당 6억 원에 주문했다. 방탄 등급 VR8 수준으로 작업은 독일 트라스코(Trasco)가 맡았다.

◀ **캐딜락 플리트우드 62**
육군박물관

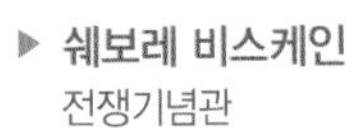

▶ **쉐보레 비스케인**
전쟁기념관

트라스코는 세계 1위의 방탄 전문업체다. 전 세계 80개 정부와 500여 기업에게 방탄 차량을 납품한다. 1983년 독일 브레멘에서 설립했다. 벤츠, BMW, 아우디, 토요타 등도 이 회사와 협업한다.

대한민국에 방탄 의전차가 처음 들어온 것은 1956년. 미국 아이젠하워 대통령이 이승만 대통령에게 '캐딜락 플리트우드 62'를 선물했다. 윤보선 대통령도 이 차량을 사용했다.

박정희 대통령은 개량형 모델인 '캐딜락 플리트우드 75'를 탔다. 현장 시찰 때는 쉐보레 '비스케인'을 주로 이용했다.

대통령 의전차는 특별한 문제가 없는 한 후임 대통령도 사용한다. 사용기한은 보통 10년 안팎이다. 전두환·노태우까지 미국산 캐딜락이 의전차 자리를 꿰찼다.

▲ 캐딜락 플리트우드 브로엄에 올라 취임 카퍼레이드를 하는 노무현 대통령
청와대 사진기자단

김영삼 대통령은 물려받은 캐딜락 외에 '플리트우드 브로엄'과 '벤츠 S클래스 가드'를 주문했다. 첫 독일산 의전차다.

김대중 대통령은 캐딜락 드빌을 의전차 목록에 추가했다. 노무현 대통령은 BMW 760Li 시큐리티를 구입했다.

김영삼·김대중·노무현·이명박 대통령은 모두 취임식이 끝난 후 캐딜락 플리트우드 브로엄을 타고 카퍼레이드를 했다. 에쿠스 스트레치드 에디션이 청와대에 납품되기 전이었다.

문재인 대통령 시절 청와대에는 제네시스 EQ900L과 메르세데스-마이바흐 S600 가드가 있었다. 수소전기차인 현대 넥쏘 8대도 도입했다. 수소경제 활성화와 미세먼지 저감에 동참한다는 뜻에서 추진했다.

그중 한 대는 VR8 등급의 방탄 차량이다. 2019년 9월 10일 한국과

◀ 메르세데스-마이바흐 S600 가드
청와대

▶ '넥쏘'도 의전차로 공식 데뷔했다.
청와대

학기술연구원 방문 때 이용했다. 공식 업무에 수소전기차를 탄 세계 최초의 대통령이다. 2대는 비서실 행정팀, 나머지 5대는 경호처가 사용한다.

우리나라 의전차도 차종별로 여러 대를 보유하고 있다. 대통령이 어느 차량에 탔는지 알 수 없도록 똑같은 빈 차도 움직여야 하기 때문이다.

2018년 5월 26일 판문점 북측 통일각으로 은색(Silver) 메르세데스-벤츠가 들어섰다. 색상과 모델형이 일반 모델로 보였다. 이 차를 향해 김여정 북한 조선노동당 부부장이 다가가 내리는 손님을 맞았다. 문재인 대통령이었다.

▲ 2018년 5월 26일 판문점 북측 통일각에서 문재인 대통령을 북한 김여정이 맞이하고 있다.
청와대

대부분이 그럴 뿐 의전차가 검정색이어야 한다는 법은 없다. 은색도 있다. 2018년 5월 남북 정상의 판문점 극비 회동 때 존재감을 보였다.

2차 남북정상회담은 고도의 보안을 유지했다. 청와대 내에서도 극소수만 알고 있었다. 경찰에게도 알리지 않았다. 신호체계 조작 없이 신호를 다 지켜가며 판문점까지 이동했다. 당연히 언론에 띄지 않았다. 검은색이 아닌 은색 메르세데스-벤츠가 의전차 목록에 있다는 사실이 알려진 계기였다.

글을 마치며

자, 재미있게 읽었다면 한 번 상상해 볼까?

시동 버튼을 누르며 초기 자동차들은 어떻게 시동을 걸었는지 잠깐 생각하는 것, 유쾌하지 않을까. 옆좌석 동승자를 보며 조수석이라는 말이 어떻게 만들어졌는지 설명하는 것, 재치 있지 않을까. 차창문을 내리며 두꺼운 방탄유리가 어떤 원리로 총알을 막아내는지 떠올리는 것, 재미있지 않을까.

이 같은 일이 실제로 일어났으면 좋겠다는 '개구진' 생각을 하며 글을 썼다. 이렇다면 정말 운전이 더 즐거워질 테니까. 동승자가 있다면 운전하는 내내 자동차와 관련된 이야기꽃을 피우느라 졸리거나 지루할 틈이 없을지도 모른다.

'예비'인 딸들을 포함해 모든 (예비)운전자들이 읽었으면 좋겠다. 딸 아이도 어른이 되면 운전면허증을 딸 것이고 수입이 생기면 자동차를 구입할 것이다.

기계적인 원리를 알 필요? 없다. 안

전이 제일. 목적지까지 안전하고 즐겁게 갈 수 있으면 그걸로 충분하다. 복잡한 구조 문제는 전문가들에게 맡기면 되니까. 책이 목적지까지 즐겁게 가는 여정에 아주 작은 이야깃거리를 제공할 수 있다면 정말 고마운 일이다.

퀴뇨의 전륜구동 삼륜차 이후 200년이 넘었다. 자동차와 그 주변에는 수많은 이야깃거리가 넘친다. 아라비안나이트로 알려진 『천일야화(*Thousand and One Night*, 千一夜話)』의 '샤흐르저드(셰에라자드)'처럼 끊임없이 이야기를 전해줄 수 있었으면 좋겠다. 이 책이 '자동차의 거대한 정보창고'의 첫 권이 되기를 소망한다. 기회가 닿는다면 '시즌 2'를 준비할 것이다.

어릴 적 집에는 책이 많았다. 부모님께서 책 읽는 것을 즐기셨다. 특히 어머니는 자주 "글 잘 쓰는 게 부럽다. 너도 어떤 책이든 나중에 할 수 있으면 책을 펴냈으면 좋겠다"라고 말씀하셨다. 졸필이나마 책을 낼 수 있어 다행이다. 어머니의 기대를 저버리지 않은 게 하나라도 있어 다행이다.

부모님께서 이 책을 읽을 수 있다면 더할 나위 없이 좋을 텐데…. 2021년 가을과 2024년 봄, 남매의 곁을 떠나신 그리운 아버지와 어머니의 영전에 이 책을 바친다. 출판 과정에 힘을 북돋아 준 아내와 두 딸에게 사랑한다는 말을 전한다. 그리고 출판사 박선영 사장님과 편집 관계자, 출판을 응원해준 모든 분들께 감사의 말씀을 전한다.